Uwe Pape (Hrsg.)

Desktop Publishing

Anwendungen, Erfahrungen, Prognosen

Mit 37 Abbildungen

Springer-Verlag
Berlin Heidelberg GmbH 1988

Professor Dr. Uwe Pape
Institut für Angewandte Informatik
Technische Universität Berlin
Franklinstraße 28/29
D-1000 Berlin 10

ISBN 978-3-540-19453-8

CIP-Kurztitelaufnahme der Deutschen Bibliothek
Desktop publishing : Anwendungen, Erfahrungen, Prognosen / Uwe Pape.
  ISBN 978-3-540-19453-8   ISBN 978-3-662-06566-2 (eBook)
  DOI 10.1007/978-3-662-06566-2

NE: Pape, Uwe [Hrsg.]

Vorwort

Bis zu 10% des Umsatzes geben viele Unternehmen für die Herstellung von Handbüchern, Prospekten, Katalogen, Berichten und anderen Dokumenten aus. Dabei werden die Ansprüche an die Qualität der Druckerzeugnisse und an einen reibungslosen Erstellungsprozeß bei stets wachsender Informationsmenge immer höher. Typografische Vielfalt und Grafiken sind aus Dokumenten hoher Druckqualität nicht mehr wegzudenken.

Mit Desktop Publishing lassen sich Drucksachen der genannten Art preiswert und ohne großen technischen Aufwand erstellen. Die Erfahrungen mit diesem neuen Medium sind allerdings sehr unterschiedlich und hängen stark vom Anwendungsfeld und von den Anforderungen an die Verwendung von Grafiken ab.

In dem vorliegenden Sammelband wurden einige wichtige Beiträge des ersten DTP-Kongresses der Büro-Data vom Oktober 1987 zusammengestellt, um die verschiedenen Meinungen zum Thema DTP anklingen zu lassen. Dieses Buch ist keine Einführung in Desktop Publishing, sondern setzt Grundkenntnisse voraus.

Experten berichten über den Einsatz von DTP-Systemen und äußern sich zu ihren Erfahrungen mit diesem neuen Medium. Im Vordergrund stehen Aspekte der Anwendung im graphischen Gewerbe, im CAD-Bereich, in der öffentlichen Verwaltung sowie in Klein- und Mittelbetrieben. Meinungen zum DTP-Einsatz sind ebenso wichtig wie Prognosen über Entwicklungstendenzen in den kommenden Jahren.

Im April 1988   Uwe Pape

Anschriften der Autoren

Dr.-Ing. Lutz Kredel
Savignyplatz 5, 1000 Berlin 12

Dipl.-Wirt.-Ing. Erich Fritz
Unternehmensberater für Computersatz
Aspacher Str. 60, 7150 Backnang

Gerhard Jörg
Geschäftsführer Apple Computer GmbH
Apple Computer GmbH
Ingolstädter Str. 20, 8000 München 45

Prof. Dr. Uwe Pape
Technische Universität Berlin, Institut für Angewandte Informatik
Fachgebiet Angewandte Elektronische Datenverarbeitung
Franklinstr. 28-29, 1000 Berlin 10

Jürgen Hirsch
Geschäftsführer Hirsch GmbH
Taunusblick 6, 6365 Rosbach

Günter Agthe
IBM Deutschland GmbH
Breitwiesenstr. 22, 7000 Stuttgart 80

Bernd Flurer
Geschäftsführer ALSO-ABC Trading GmbH
Mühlendamm 66, 2000 Hamburg 76

Jörg Grützkau
ACS GmbH
Joachimstaler Str. 19, 1000 Berlin 15

Dipl.-Wirt.-Ing. Walter F. Schäfer
Linotype GmbH
Mergenthaler Allee 55-57, 6236 Eschborn

Dipl.-Ing. Wilfried Gräbert
Ingenieurbüro Gräbert GmbH
Nestorstr. 36a, 1000 Berlin 31

Ellen Schreiner
Citysatz
Bismarckstr. 3, 1000 Berlin 12

Inhaltsverzeichnis

DTP zwischen Textverarbeitung und Satztechnik

Lutz Kredel, Berlin

1   DTP-Anwendungspotentiale

Die Aufgaben und Funktionen, die früher durch den Einsatz von Textverarbeitungs-systemen bzw. durch die Nutzung des Foto- oder Lichtsatzes erfüllt wurden, können heute zum größten Teil mittels Desktop Publishing (DTP) vom Anwender selbst über-nommen werden. DTP hat für die Anwender die Voraussetzung geschaffen, daß druck-reife Vorlagen mit Text und Grafik auf einem PC einfach erstellt und auf einem hoch-auflösendem Laser-Drucker ausgegeben werden können.

Unter DTP werden alle Aktivitäten eines Dokumentations- bzw. Publikationsprozesses zusammengefaßt. Zu den Einzelaktivitäten innerhalb des Publikationsprozesses werden gerechnet:

- das Erfassen von Texten und Grafiken,
- das Korrigieren der Texte,
- das gestalterische Anordnen und
- das Ausdrucken.

Der Begriff Desktop Publishing wurde bereits 1985 von Paul Brainerd, dem Gründer der Firma Aldus Corp., geprägt. Das Schlagwort Desktop Publishing bedeutet übersetzt soviel wie "Publizieren vom Schreibtisch aus" oder "Setzen und Gestalten ohne Umwege und Zeitverluste direkt am Arbeitsplatz".

Neben dem Begriff des DTP finden sich auch Ausdrücke wie:

- Computer Aided Publishing (CAP),
- Electronic Publishing (EP),
- Document Publishing (DP),
- Corporate Electronic Publishing (CEP),
- Mainframe Publishing (MP),
- Workstation Publishing (WP) oder
- Inhouse oder In-Plant-Publishing (IP).

Dies sind nicht nur aktuelle Schlagwörter, sondern sie geben alle einen speziellen Einsatzbereich an bzw. sind Oberbegriffe. Abb. 1 zeigt das hierarchische Verhältnis der einzelnen Begriffe.

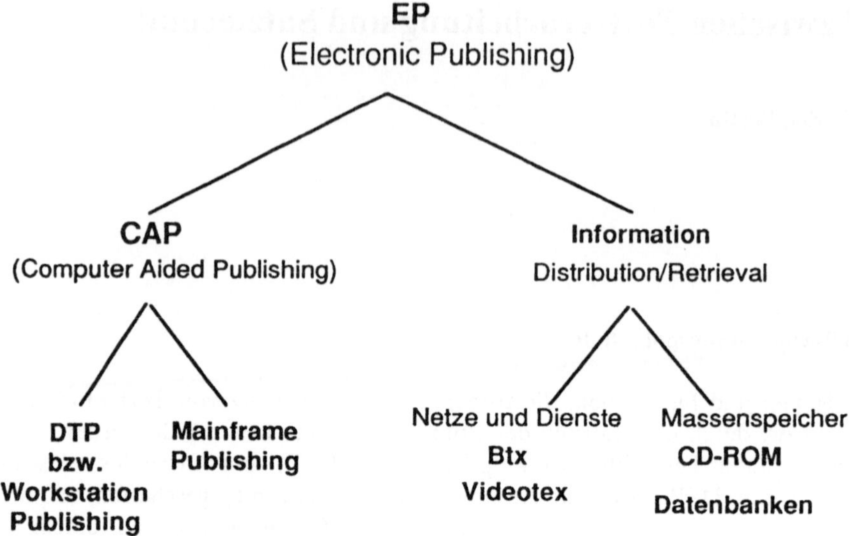

Abb. 1:   Begriffshierarchie des elektronischen Publizierens

Der Begriff des Electronic Publishing (EP) umfaßt neben der computergestützten Erstellung von Druckerzeugnissen, dem Computer Aided Publishing (CAP) auch die Speicherung auf optischen bzw. magnetischen Speichermedien oder deren Verteilung über öffentliche Netze bzw. diverse Dienste.

Der Oberbegriff CAP umschreibt die neuen Bürotechnologien am geeignetsten. Je nach Anwendungsgebiet (technisch oder kommerziell) haben sich spezielle Bezeichnungen herausgebildet. Die Aufteilung in DTP, WP oder MP ist ausschließlich hardware-orientiert. DTP-Software ist meistens auf Home und Personal Computern lauffähig, WP-Software auf den leistungsstärkeren Workstations (Macintosh II, Apollo oder SUN) und MP-Software läuft fast ausschließlich nur auf Groß- oder Minirechnern ab. Zwischen dem DTP und dem WP findet gegenwärtig eine Annäherung software-seitig statt. In der Hardware-Leistung unterscheiden sich PCs und Workstations in vielen Punkten nur noch geringfügig.

Entstehen konnte diese Innovation für den Büroarbeitsplatz durch eine neue Generation von Mikroprozessoren, die mit immer schnellerer und besserer Grafik-Hardware sowie Software die Sofortgestaltung von Dokumenten am Bildschirm ermöglichen, immer streng dem WYSIWYG-Prinzip (What you see is what you get) folgend. Hinter diesem Prinzip verbirgt sich die Forderung, bereits am Bildschirm während der Bearbeitung einen realitätsnahen Eindruck des endgültigen Dokumentenaufbaus zu erhalten, wodurch Zeit eingespart wird und eine abschließende ganzheitliche Bearbeitung direkt am Bildschirm erfolgen kann.

Sowohl Bücher, Formulare, Kundenmagazine, Hauszeitschriften, Prospekte, Kataloge, Preislisten, Broschüren, Bedienungsanleitungen als auch Geschäftsbereichte oder Präsentationsunterlagen können vollständig erstellt werden. Auch die alleinige Druckvorlagenerstellung kann schneller, konzentrierter und dadurch fehlerfrei und kostengünstig abgewickelt werden. Als potentielle Anwendergruppen für DTP sind vornehmlich folgende sechs Zielgruppen einzustufen:

- Kommunikationsfirmen (Verlage, Werbeagenturen),
- Dienstleistungs- und Beratungsunternehmen (Gastätten, Seminar- und Schulungs-veranstalter, Immobilienmakler, Unternehmensberatungen usw.),
- spezielle Abteilungen in großen Organisationen (Personal-, Werbe- und Schulungs-abteilungen, Dokumentationsabteilungen),
- Freiberufler (Grafiker, Dozenten),
- Technische Zeichner, Ingenieure,
- kleinere Unternehmen aller Art.

Da entsprechende Hard- und Software immer preiswerter wird, steht auch dem Kleinunternehmer oder Privatmann die Möglichkeit der Erstellung professionell gestalteter Dokumente in den eigenen vier Wänden offen.

Die Technikentwicklung macht es heute möglich, außerordentlich preiswerte Hardware anzubieten. Neue einfach zu bedienende Softwaresysteme ermöglichen die schnelle und einfache Anwendung dieser neuen Technologie.

Das DTP ist erst aufgrund der Reife und Stabilität verschiedener Technologien in seiner heutigen Form anwendbar geworden. Die wichtigste Technologie stellt die Entwicklung der PCs dar. Waren ursprünglich die Arbeitsplatzrechner nur auf Textverarbeitung und Kalkulationsprogramme spezialisiert, hat durch die Vielfalt des Softwareangebotes und dem damit zusammenhängenden Wettbewerb eine Evolution stattgefunden, die die Software immer leistungsfähiger, zugleich aber auch bedienungsfreundlicher gemacht hat.

In Abb. 2 sind die technologischen Meilensteine auf dem Weg zum Desktop Publishing dargestellt.

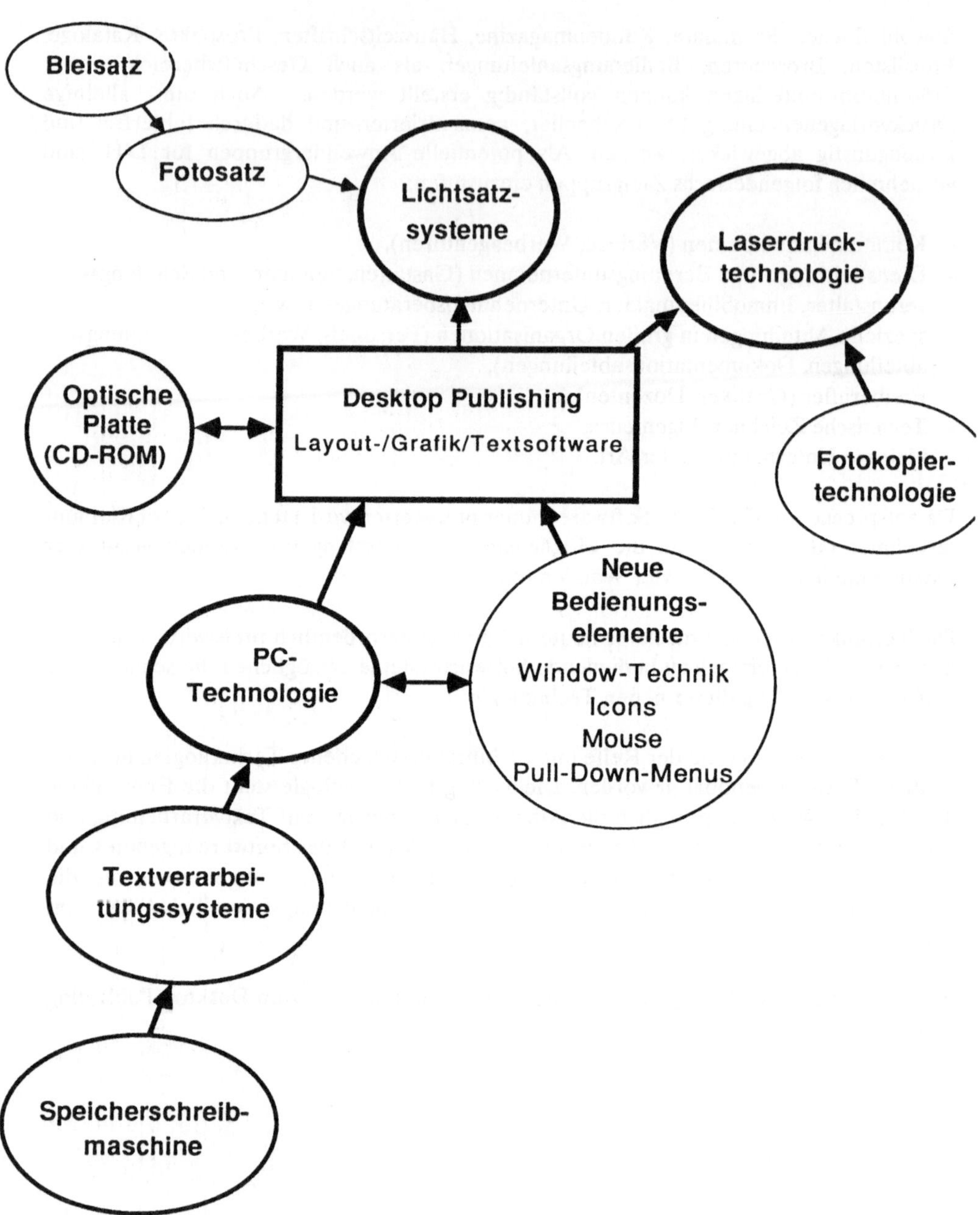

Abb. 2:   Technologische Meilensteine auf dem Weg zum DTP

2 Funktionsweise und Voraussetzung für DTP-Anwendungen

DTP stellt neben der leistungsfähigen Textverarbeitung und der flexiblen Grafiksoftware die entsprechenden Layoutfunktionen zur Integration (vgl. Abb. 3) zur Verfügung. Bei der Erstellung von Dokumenten mit den Instrumenten des DTP ist man teilweise darauf angewiesen, daß sich die Objekte, die es mit Hilfe eines Layoutprogramms zu plazieren gilt, bereits in verarbeitbarer Form im Rechner befinden, d. h. alle später in einem Dokument zu verknüpfenden Objekte, egal ob es sich um Grafik oder Text handelt, müssen mit anderen Programmen elektronisch aufbereitet werden.

Das wichtigste Werkzeug ist sicherlich ein gutes Textverarbeitungsprogramm, mit dem es möglich ist, Texte von beliebiger Länge und in beliebigen Formaten mit allen Hilfsmitteln der modernen Textverarbeitung auf einem Rechner zu erfassen. Je nach Bedarf und Anwendung sind neben den Eigenschaften einer modernen Schreibmaschine Elemente wie automatische Silbentrennung, Rechtschreibkorrekturhilfe, mehrspaltiges Schreiben sowie diverse Einfüge-, Lösch- und Ersetzungsoperationen von entscheidender Bedeutung für die Güte eines Textprogramms. Aus den manigfaltigen Möglichkeiten der variablen Formatgestaltung eines Textes resultiert ein großes Problem für die elektronische Weiterverarbeitung solcher Texte.

Die heute auf dem Markt befindlichen Textprogramme von WordStar über MS-Word bis hin zu technisch/wissenschaftlichen Text-Programmen, wie TEX oder Scribe haben intern ihre eigene Struktur, in der Informationen über Textformat (Länge, Breite, Ränder, Zeilenabstand etc.), Schriftart und Attribute (Pica, Elite, fett, 12cpi etc.) sowie Informationen über Tabulator-Positionen und Absatzeinrückungen u.v.a.m. enthalten sind. Diese Angaben können an beliebigen Stellen im Text verstreut stehen, oft sind sie auch kompakt am Dateianfang oder -ende gespeichert. Es gibt sogar Textprogramme, die Formatdateien ablegen. Leider bedeutet das aber nicht, daß die eigentliche Textdatei frei von Steuer- oder Kontrollzeichen ist. Manchmal sind sogar für Umlaute oder Druckeransteuerung entsprechende Kontroll- und Steuerzeichen in den Text gemischt.

Da es aber keine Norm oder Vorschrift dafür gibt, wo und wie alle diese genannten Informationen im Text anzusiedeln sind, sind Texte von verschiedenen Textsystemen untereinander inkompatibel, d.h. nicht austauschbar, und man bekommt in der Regel sehr große Anpassungsprobleme beim Wechsel von einem Textprogramm zum anderen bzw. bei der Weiterverarbeitung mit Layoutsoftware. Viele Textprogramme weisen die Möglichkeit auf, reine ASCII (American Standard Code for Information Interchange)-Dateien zu erzeugen; das sind Dateien, die lediglich darstellbare Schriftzeichen enthalten ohne jegliche Meta-Informationen über Formatierung und Druckeransteuerung.

Solche Dateien lassen sich leicht in ein Layout-Prgramm übernehmen, jedoch ist es sehr ärgerlich, wenn man einen mühsam erstellten und fertig formatierten Text anschließend im DTP-Programm noch einmal ganz von vorne überarbeiten muß.

Daraus resultiert die Forderung an eine gute DTP-Software, eine möglichst flexible Schnittstelle zu den gängigsten Fremdprogrammen anzubieten, um bereits formatierte Texte einfach in ein neues Dokument übernehmen zu können.

Nicht nur Text-Programme sind von Problemen mit der Format-Kompatibilität betroffen. Auch bei Grafik-Programmen gibt es eine Vielzahl an unterschiedlichen Dateiformaten, denn schließlich müssen Informationen über Höhe und Breite einer Grafik oder eines Bildes, sowie Angaben über Farben bzw. Graustufen neben den eigentlichen Grafikinformationen gespeichert werden. Oft befinden sich diese Werte in einem den Grafikdaten vorangestellten Informationsblock, der dem Anwender nicht zugänglich ist.

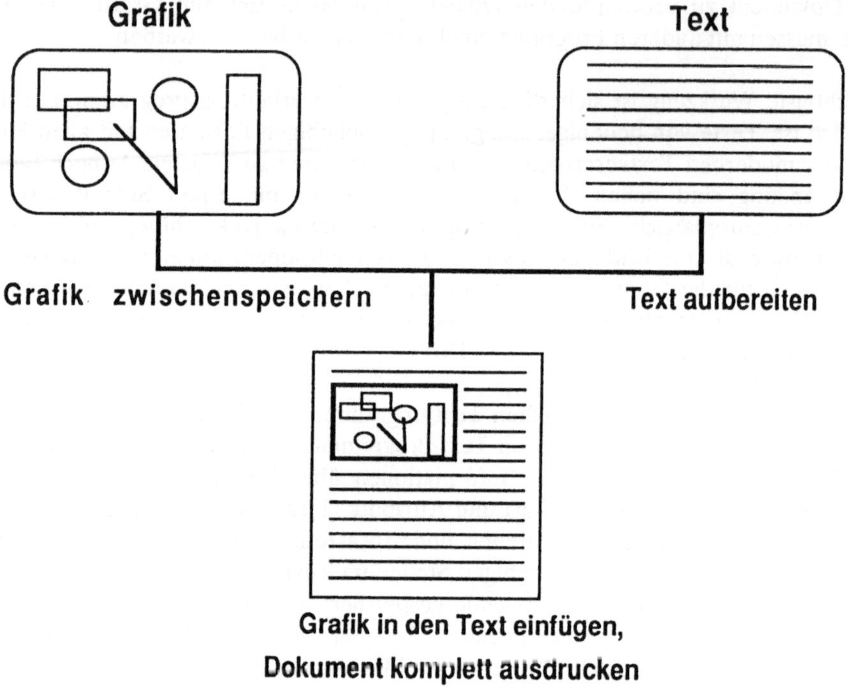

Abb. 3:   Ablauf der Zusammenführung von Text und Grafik am Bildschirm

Die Grundvoraussetzung für DTP-Anwendungen ist eine leistungsfähige Textverarbeitung, die es erlaubt, Grafiken in den vorhandenen Textstrom zu integrieren. Die Textverarbeitungssoftwarepakete, die heute für PCs angeboten werden, sind leider nur begrenzt für solche Anwendungen geeignet. Sie stellen jedoch bereits eine Alternative zu den traditionellen Textverarbeitungssystemen dar.

Viele grafische Aufgaben (Gestaltung, Satz), die bisher von anderen Dienstleistungsbetrieben erbracht wurden, können so durch die Nutzung der neuen DTP-Technologien direkt am Arbeitsplatz von den verantwortlichen Mitarbeitern erledigt werden.

Das mittels DTP ganzheitlich erstellte Dokument ist am Bildschirm zu betrachten. Es kann auf einem Laser-Drucker bzw. einem Lichtsatzsystem ausgegeben werden. Neue leistungsstarke Speichermedien, wie die optische Platte (Stichwort: CD-ROM) erlauben die Speicherung großer Dokumenten- und Bild/Grafikbestände.

3   Von der Textverarbeitung zum DTP

Wer in der Vergangenheit wirtschaftlich Publikationen oder Dokumente erstellen wollte, mußte Systeme zur Unterstützung bei der Textverarbeitung nutzen. So alt wie die Textverarbeitung ist auch die Zielsetzungen des Publizierens am Schreibtisch.

Der Begriff Textverarbeitung wurde erstmalig 1963 im deutschsprachigen Raum verwendet. Die Textverarbeitung hat allerdings erst ab 1978 in der Bundesrepublik Deutschland einen bedeutenden Aufschwung in der kommerziellen Anwendung genommen. Heute zählt der Markt für Textverarbeitungssysteme noch immer zu den Wachstumsmärkten. Der Textverarbeitungsmarkt ist heute allerdings ein Teilmarkt des Büromaschinenmarktes, der ebenfalls für die nächsten Jahre mit stark steigenden Umsätzen rechnen darf.

Das Mutterland der Textverarbeitung ist die USA. Die Grundlagen stammen jedoch aus Deutschland von Gutenberg, der 1437 die beweglichen Lettern in den Buchdruck einführte. Weitere Meilensteine auf dem Weg zur PC-basierten Textverarbeitung waren die Schreibautomaten und der Altklassiker der Textverarbeitung WordStar von der US-amerikanischen Firma Digital Research.

Historie des DTP

1437	Gutenbergs beweglich Lettern
1714	Die erste Schreibmaschine (Mill)
1954	Der erste Schreibautomat
1958	Die erste elektr. Schreibmaschine
1975	Speicherschreibmaschinen
1976	Personal Computer (Apple II)
1977	Bildschirmorientierte Textsysteme
1979	Computergestützte Textverarbeitung
1980	"WordStar" unter CP/M
1982	Der IBM PC
1983	Apple Lisa-Compugraphic
1984	Der Apple Macintosh
1985	Integrierte Text- und Grafiksoftware
1986	Layout-Software "PageMaker"
1987	Jahr des DTP in Deutschland
1988	Desktop Communication und Desktop Presentation

Tab. 1:   Historische Entwicklungsschritte der Textverarbeitung zum DTP

Die Definitionen für Textverarbeitung sind recht unterschiedlich. So ist Textverarbeitung ein Prozeß unter Verwendung eines schriftlichen Kommunikationsmittels. Die Textverarbeitung ist in allgemeiner Form die geistige und technische Produktion von Texten und zugleich der zusammmmenfassende Begriff für die Phasen

- Text-Entwurf,
- Text-Fixierung,
- Text-Umformung und
- Text-Weiterverwendung.

Hierin sind also die technischen Hilfsmittel mit in die Textverarbeitung eingeschlossen.
Ein Textverarbeitungsssystem umfaßt damit alle zur Erfüllung der Aufgabe
Textverarbeitung eingesetzten Personen, Verfahren und Arbeitsmittel.

Folgende Geräte gehören demnach zur Textverarbeitung i. w. S.:

- Fotokopiergeräte,
- Diktiergeräte,
- Lichtsatz - Systeme bzw. - Geräte,
- OCR - Leser,
- Schreibmaschinen,
- Vervielfältigungsgeräte und
- Textautomaten

In der Umgangssprache werden die Bezeichnungen Textsystem, Textverarbeitungssystem und Schreibautomat noch meist synonym mit Textautomat verwendet. Die ersten
Textautomaten konnten meist nur für die automatische Erstellung von Schemabriefen
verwendet werden.

Unter Textverarbeitung soll dann die Verarbeitung und Bearbeitung von Texten auf
einem Textsystem verstanden werden. Diese Definitionen spiegeln den derzeitigen
Sprachgebrauch wieder, wie er in den Fachpublikationen und den Vertriebsfirmen
vorherrschend ist.

4   Problembereiche der Textverarbeitung

Leider gibt es trotz des schnellen Fortschrittes bei der Informationsverarbeitung noch
Defizite bei Textverarbeitungssoftwareprodukten, die bei der Nutzung von Layoutsoftware zum Problem geraten kann. Bei einigen Textverarbeitungsprogrammen sind eine
oder mehrere der folgenden Funktionen noch entwicklungsbedürftig:

- Fußnotenverarbeitung,
- deutsche Silbentrennung (automatisch),
- Formelschreibung,
- internationale Zeichensätze (Französisch, Spanisch),
- Rechtschreibungsfehlerüberprüfung (Systemlexikon),
- Adreßverwaltung und -selektion,
- Proportionalschrift (evtl. mit Blocksatz).

Die Softwareleistungsmerkmale sind heute schon recht gut an die Bedürfnisse der Büro-
organisation anpaßbar; hier machen sich die großen Anstrengungen der letzten Jahre

bemerkbar. Auch haben die Anbieter größere Anwendungsverfahren. Die Orientierung an Standards (z.B. MS-Word) ist unverkennbar.

Abb. 4: Bereits bei der Anzeige von zweispaltigem Blocksatz sind in der Vergangenheit viele Textsoftwaresysteme überfordert gewesen.

Abb. 5: Die einfachste Art der Integration ist die horizontale Textaufspaltung. Diese Variante wird von den meisten einfachen Textprogrammen angeboten.

Abb. 6:   Texteinzug bei der Integration von Grafiken in den zweispaltigen Text

5   Das Arbeiten mit DTP-Software

Der Ablauf von DTP-Aktivitäten läßt sich analog der Textverarbeitung grob in drei Phasen unterteilen:

1.   Erfassen,
2.   Gestalten,
3.   Produzieren.

In der ersten Phase werden alle Vorlagen, also Texte, Bilder und Grafiken für die zu gestaltende Publikation gesammelt und zusammengetragen. Bilder und Grafiken müssen zur rechnergestützten Verarbeitung digitalisiert oder gescannt werden, sofern sie nicht bereits elektronisch aus anderen Softwareanwendungen vorliegen und somit schon digital gespeichert sind. Sie müssen ggf. mit geeigneter Grafik-Software überarbeitet werden, so daß sie in Form und Format anschließend bei der Layoutgestaltung verwendet werden können. Sämtliche vorgesehenen Texte müssen mit einem Textverarbeitungsprogramm erfaßt und somit auf dem Rechner verfügbar sein.

In der zweiten Phase findet nun die eigentliche Layout-Komposition statt, d.h. die zusammengetragenen Vorlagen werden am Bildschirm zu Seiten zusammengefügt, so daß sich das gewünschte Gesamtbild ergibt. Oft wird man erst an dieser Stelle erkennen, daß einzelne Textpassagen oder Grafiken noch einmal überarbeitet werden müssen, z.B. der Text entspricht in seiner Länge nicht dem vorgegebenen Satzspiegel und muß erst entsprechend modifiziert werden.

Die Layout-Gestaltung läuft also parallel zur Überarbeitung der Vorlagen, und normalerweise sind mehrere Probeausdrucke auf einem Laser-Drucker notwendig, bis man ein akzeptables Gesamtresultat erzielt hat. Das so erarbeitete Dokument kann jetzt ausgedruckt bzw. auf einem Lichtsatzsystem belichtet werden bzw. als endgültige Druckvorlage für die Vervielfältigung Verwendung finden.

Heute wird am Markt ein breites Spektrum von DTP-Softwaresystemen angeboten. Es gibt bereits über 140 Systeme. Die wichtigsten DTP-Softwareprodukte, die eine weitgehend professionelle Erstellung von Dokumenten erlauben, sind:

- Letraset ReadySetGo!,
- Aldus PageMaker,
- Xerox Ventura Publisher,
- ViewPoint,
- Interleaf Publishing System,
- Quark XPress und
- RagTime.

Die heutigen Layoutprogramme zur Erstellung professioneller Publikationen sind in der Lage, fast alle notwendigen Aufgaben zu erfüllen. Folgende Grundanforderungen werden mittlerweile von den oben genannten DTP-Programmen erfüllt:

- Grundsätzlich gilt das WYSIWYG-Prinzip, d.h. der Anwender hat schon bei der Dokumentgestaltung am Bildschirm die volle Kontrolle über Aussehen und Wirkung der fertigen Publikation.

- Mehrspaltiger Umbruch von Texten mit integrierter Grafik ist auf einer Seite möglich.

- Verschiedene Schrifttypen, -größen und -arten sind beliebig in einem Dokument kombinierbar.

- Es müssen diverse Schnittstellen zu externer Software vorhanden sein, so daß Texte, Grafiken, Bilder usw. ohne Probleme in das Layoutprogramm übernommen werden können.

- Das DTP-Programm sollte verschiedene Gestaltungsunterstützungen wie Hilfslinien, Rahmen und andere geometrische Hilfskörper zur Verfügung stellen, sowie andere grafische Mittel zur Schraffur oder zum Ausfüllen von Flächen.

- Es ist möglich, bereits vorhandene Grafiken oder Textblöcke mit neuem Text zu umfließen (Formsatz).

- Für ein gelungenes Satzbild können ungeschickt wirkende Zeichenabstände variiert werden (Kerning).

- Durch das Gestalten am Bildschirm entstandene Textlücken werden durch Formatierfunktionen und automatische Trennhilfen eliminiert.

Natürlich wird zukünftig die beim elektronischen Publizieren erreichte Qualität noch
erheblich verbessert werden. Dies betrifft insbesondere die Bereiche der Auflösung, der
Papierqualität und des Farbdruckes.

6   Vorteile für Anwender und Betreiber aus dem DTP-Einsatz

Beim DTP kommen viele Aufgaben der traditionellen Publikationserstellung auf eine
Person oder wenigstens auf ein sehr kleines Team zusammen. Schließlich vereint man
die vielfältigen Funktionalitäten der kommerziellen Dokumentenerstellung wie
Erfassung, Satz, Umbruch, Korrektur, Typografie bis hin zum Druck an einem einzigen
Arbeitsplatz. Daraus ergeben sich für die Arbeit im Haus folgende Vorteile:

Produktkontrolle

Durch die Vereinigung der verschiedenen Arbeitsgänge an einem Arbeitsplatz ist eine
sehr gute Überwachung und Kontrolle der Produkterstellung gegeben.

Erhöhung der Flexibilität

Auch kurz vor Produktionsschluß finden noch Änderungen an Inhalt, Satz, Schriftart
usw. in vollem Umfang Berücksichtigung. So kann z.B. in allerletzter Minute ein der
Illustration dienendes Bild oder eine aktuelle Information eingefügt werden. Keine
andere Publikationstechnik kann spontaner und flexibler auf aktuelle Geschehnisse
reagieren.

Zeitersparnis

Durch die Zusammenfassung aller Arbeiten an einem Arbeitsplatzrechner bzw. in
einem einheitlichen System entfallen Wartezeiten durch Zulieferer und Verzögerungen
durch Post oder Versand. Da sich alles an einem Arbeitsplatz abspielt, entfallen
Abstimmungsprobleme mit anderen Abteilungen. Die oft sehr zeitraubende Korrektur,
die in der Regel häufige Interaktionen zwischen den einzelnen Arbeitsbereichen erfordert, kann direkt bei der Gestaltung ohne Reibungsverluste durchgeführt werden.

Kosteneinsparung

Schon bei der Investition schlägt die enorm schnelle und günstige Preisentwicklung
grafikfähiger DTP-Arbeitsplätze voll zu Buche, denn ein PC-Arbeitsplatz mit Laser-
Drucker und zugehöriger Software ist durchaus schon für ca. 20.000 DM zu haben.
Selbstverständlich sind hier durch teure Zusatzgeräte wie Scanner und Digitizer sowie
durch neue und schnellere Rechner nach oben hin keine Grenzen gesetzt.

Relativ günstig liegen auch die Produktionskosten. Da es sich um Ein-Mann-
Arbeitsplätze handelt, können Personalkosten und externe Kosten eingespart werden. Je
nachdem, wie intensiv DTP genutzt wird und in die übrigen Organisationsprozesse
integriert wird, lassen sich auch Kosten in den Bereichen Entwurf, Satz, Reinzeichnung
und Lithografie einsparen. Da PCs und Laser-Drucker nicht mehr so wartungsbedürftig

sind und darüber hinaus nur geringe Ausfallzeiten aufweisen, kann man von minimalen Servicekosten ausgehen. Die Schulung erfolgt überwiegend durch relativ günstige Einführungskurse mit einer Dauer von 3 bis 5 Tagen.

Minimierung externer Abhängigkeiten

Als direkte Konsequenz aus der Zentralisierung aller externen Arbeitsgänge ergibt sich eine Minimierung aller außerbetrieblichen Abhängigkeiten. Falls ein eigenes Lichtsatzsystem vorhanden ist, kann sogar die Reproduktion der am Rechner erstellten Druckvorlage sofort im Hause erledigt werden.

Niveausteigerung

In Bereichen, wo ein professionelles Erscheinungsbild bislang nicht finanzierbar und rentabel erschien, z.B. bei technischen Dokumentationen mit sehr geringer Auflage, kann heute durch den Einsatz moderner DTP-Arbeitsplätze der Standard beträchtlich angehoben werden.

Bei allen genannten Vorteilen muß berücksichtigt werden, daß sie in ihrer vollen Effizienz erst beim geübten Anwender zum Tragen kommen. Ein Anfänger, der mit Satz und Layoutgestaltung noch nie in Berührung gekommen ist, wird sich am Anfang sehr schwer tun, und einige Vorteile werden sich zunächst in Nachteile und Schwierigkeiten umkehren.

Selbstverständlich kann die jahrelange Berufserfahrung gelernter Typografen, Grafiker und Setzer nicht leicht durch ein kurzes Selbststudium eingeholt werden. Entscheidend sind immer die Ansprüche, die an die fertige Publikation gerichtet werden, und es besteht sogar die Gefahr, daß die Publikation insgesamt im Niveau sinkt, wenn man an sich selbst geringere Ansprüche stellt, als an entsprechende Fremdfirmen.

7   DTP-Utilities

Im Gegensatz zur früheren einfachen Textverarbeitung, werden heute eine Vielzahl von Utilities (Hilfsprogrammen) angeboten, die neben der konventionellen Unterstützung des Editierens weitergehende Hilfen anbieten. Dazu gehören u. a.:

- Strukturierungsprogramme,
- Zeichenprogramme (Draw),
- Malprogramme (Paint) und
- Korrekturprogramme.

Strukturierungsprogramme

Der Entwurf von Routinetexten wird durch sogenannte "Ideen verarbeitende" Textprogramme erleichtert. Wer bislang Texte konzipierte, mußte dies meist noch auf dem Papier machen. Programme wie ThinkTank, Dayflo, Idea Processor oder Notebook, die auf den gängigsten PCs lauffähig sind, bestehen aus zwei Teilen, einem Texteditor und einem Textverwaltungssystem. Zunächst erfaßt der Autor ungeordnet seine Notizen, Ideen und Zitate. Wenn der Entwurf dann geschrieben wird, kann der Autor auf diese beliebigen Textstellen zurückgreifen und diese in seinen Text einbetten. Ein im Hintergrund arbeitendes Datenbanksystem unterstützt ihn bei dieser Arbeit.

Grafiken, Zeichnungen und Bilder

Es existiert eine Vielzahl von Grafiksoftwaresystemen. Die wichtigsten sind:

- Draw-Programme (objektorientiert, "line art") und
- Paint-Programme (bitorientiert, "tone art").

Sowohl Diagramme als auch Zeichnungen spielen der Anschaulichkeit wegen eine große Rolle. Durch die Verwendung von entsprechenden Systemen ist eine einfachere Erstellung von Grafiken aller Art möglich. Bei Grafiksoftware ist zwischen den reinen Büro-Grafiksystem, die vorwiegend zur Erstellung von Kurven- und Balkendiagrammen Verwendung finden, und den Systemen, die mehr dem Bereich der kreativen Grafik zuzurechnen sind, zu unterscheiden.

Insbesondere sind heute Führungskräfte und Spezialisten Verwender von Büro-Grafiken für ihre eigenen Unterlagen, für Präsentationen oder Veröffentlichungen. Als Vorteile von Grafiken sind zu nennen:

- Motivation durch Anschaulichkeit,
- Neue Erkenntnisse durch Darstellbarkeit,
- Kreativität durch Sichtbarkeit.

Motivation, die durch den Einsatz von Büro-Grafik entsteht, ist bei einer höheren Ausgabequalität von Grafikorzeugnissen zu erwarten, da sich die Mitarbeiter aus den zuständigen Bereichen mit dem Arbeitsergebnis qualifizieren können. Die First National Bank (USA) hat große Erfolge im Hinblick auf die Mitarbeitermotivation durch den Einsatz der Büro-Grafik erreicht. Gleichso ist auch die grafische Entscheidungshilfe für Topmanager motivationsfördernd, da unzweifelhaft die visuelle Darstellung von großen numerischen Informationsmengen die Verarbeitungsfähigkeit des menschlichen Gehirns erhöht. Zusammenhänge sind leichter erkennbar, so daß die Diagnose einfacher wird. Einfache Büro-Grafiksysteme sind in schwarz/weiß ab 200 DM erhältlich. Einen Standard für Bürografiksysteme könnten in Zukunft PCs mit entsprechenden hochauflösenden Grafikbildschirmen wahrnehmen. Höherwertige Farbgrafiksysteme liegen in der Größenordnung zwischen 9 000 bis hin zu 500 000 DM.

Bereits seit längerem im Einsatz ist der Telefax-Dienst der DBP zur Übermittlung von Zeichnungen und anderen grafischen Abbildungen über das Telefonnetz.

Als Vorteil ist der sofortige Informationsaustausch zu nennen. Eine besonders interessante Entwicklung stellt das Fax-Modem von Apple dar, mit dem es möglich wird, Fax-Dokumente der Gruppen 2 und 3 direkt zu empfangen und zu versenden. Der Einsatz eines Telefaxgerätes wird damit hinfällig. Was in den USA bereits Realität ist, dürfte in der Bundesrepublik dank der Deutschen Bundespost noch Jahre auf sich warten lassen.

Text-Grafik-Integration

Es sind seit einiger Zeit Bürokommunikationssysteme auf dem Markt, die sowohl die Text- als auch die Grafikverarbeitung unterstützen.

Namentlich zu nennen sind:

Rank Xerox	NS 8000 (ViewPoint) bzw.
Siemens	Bürosystem 5800
Apple	Macintosh II
CPT	Mega und Phönix

Die hier genannten Systeme benutzen allesamt sogenannte WIMP-Flavours:

- Window-Technik,
- Icons/Pictogramme,
- Mouse (Rollkugel zur Cursorsteuerung) und
- Pull-Down- oder Pop-UP-Menüs.

Zur Realisierung der Funktionen und der Oberflächen ist eine sogenannte "generische" Software mit einem Schreibtischmanager notwendig. Innerhalb der Hardware muß ein "bit-mapping" unterstützt werden.

Der Anschluß an Lichtsatzsysteme ist beim Apple Macintosh II über die Seitenbeschreibungssprache PostScript gelöst. Das System ist einfach an Linotype-Lichtsatzsysteme anschließbar. Bei Siemens arbeitet man z.Zt. an der Kopplung von CGK-Fotosatz an das Bürosystem 5800.

8   DTP wird das grafische Gewerbe vor neue Aufgaben stellen

Um den Siegeszug und die zukünftigen Entwicklungen zu verstehen, die DTP-Anwendungen derzeit weltweit erleben und die sich abzeichnen, muß man sich die organisatorischen Zusammenhänge innerhalb des grafischen Gewerbes verdeutlichen.

Der Umfang von Druckerzeugnissen ist auch im Zeitalter der elektronischen Medien dramatisch angewachsen. Eine Trendwende ist nicht in Sicht. Der Traum vom "Papierlosen Büro" ist zumindest mittelfristig nicht realisierbar. Immer stärker rücken die Qualität und Aktualität gedruckter Kommunikationsmittel als Wettbewerbsfaktor in den Vordergrund.

Die heute noch im grafischen Gewerbe vorherrschenden, konventionellen Gestaltungs- und Produktionstechniken halten mit der Technologiedynamik im PC-Bereich nicht mehr mit, da sie zu unflexibel bzw. kostenaufwendig sind. Zudem schaffen die heute noch verbreiteten Techniken eine zeitaufwendige Abhängigkeit der Auftraggeber von einer Vielzahl zwischengeschalteter Spezialisten.

Die neu zu organisierenden Publikationsprozesse müssen die Teamarbeit und einen vergrößerten Entscheidungsspielraum, verbunden mit mehr Verantwortung, in den Mittelpunkt stellen. Nur so sind die in den Mitarbeitern vorhandenen Wissens- und Motivationspotentiale zum beiderseitigen Vorteil produktiv nutzbar.

Neue Verfahren und Abläufe sind also dringend erforderlich, um die Potentiale von DTP-Systemen sinnvoll zu nutzen. DTP stellt sowohl für Profis als auch gelegentliche Anwender eine neue Welt mit revolutionären Produktivitäts- und Qualitätsgewinnen dar.

Es ist allgemein schwer voraussagbar, wie sich neue Technologien auf einzelne Branchen auswirken werden. Besondere Aufmerksamkeit verdient jedoch das ISDN (Integrated Services Digital Network) bzw. dessen Breitbandversion, das Breitband-ISDN, in Deutschland u. a. als IBFN (Integriertes Breitband-Fernmelde-Netz) bezeichnet. Mit der Einführung des Breitband-ISDN sind im grafischen Dienstleistungsgewerbe vielfältige Veränderungen hinsichtlich der Abläufe und damit der gesamten Struktur dieses Gewerbezweiges zu erwarten.

Bislang sind viele einzelne Dienstleister in die Publikationsprozesse eingebunden. Die Übermittlung der einzelnen Arbeitsergebnisse geschieht meistens als Papiervorlage, Film oder Druckplatte. Wenn zukünftig ein sehr schnelles Übertragungsmedium zur Verfügung steht (Lichtwellenleiter mit ca. 140 Mbit/sek.) kann die elektronische Informationsübertragung andere Medien (Filme aus Kunststoff, Druckplatten aus Aluminium) substituieren.

Das Breitband-ISDN stellt damit eine wichtige Voraussetzung für neu zu entwickelnde gewerbliche Kooperationsstrukturen dar. Die zukünftigen Entwicklungen auf dem Gebiet der Kommunikationstechnik berühren demnächst auch das grafische Gewerbe. Insbesondere durch die neue ISDN-Technologie wird ein schneller und effizienter Informationsaustausch möglich. Damit können sehr teure Maschinen und Systeme gemeinsam genutzt werden. Es ist auch absehbar, daß neue Dienstleistungen durch den vermehrten Einsatz dieser Informationsverarbeitungs- und Kommunikationstechniken entstehen werden.

Die neuen Dienstleistungsmerkmale im Breitband-ISDN werden es möglich machen, daß eine Vielzahl von Problemstellungen, die jeden Tag wieder neu entstehen und die hohe Übertragungsraten erfordern, abgewickelt werden können. Das Breitband-ISDN wird sich durch folgende Leistungsmerkmale auszeichnen:

- bessere Festbildübertragung dank höherer Auflösung,
- sehr schnelle Informationsübertragung,
- spezielle, leistungsfähige Steuerkanäle,
- verbesserte Bedienung zum universellen Verbindungsaufbau,
- mehr und neue Leistungsmerkmale für alle angebotenen Dienste,
- schneller Verbindungsaufbau,

- mehrere Nutzkanäle,
- simultane oder alternierende Multikommunikation,
- vielfältiges Dienstangebot,
- niedrige Gebühren für hohe Übertragungsraten.

Die zukünftig auch zu erwartenden Leistungsmerkmale wie Konferenzschaltung und Mailbox ermöglichen es, Informationen schnell zu verteilen. Insgesamt wird die Erreichbarkeit von ISDN-Teilnehmern verbessert, da nicht mehr ausschließlich die Sprachkommunikation die einzige Form der Mitteilung darstellt.

Nicht nur der Adressat hat Vorteile, sondern auch der Absender kann leichter und ohne nochmaligen Versuch seine Informationen sofort absetzen (beiderseitig bessere Informationsversorgung).

Eine völlig neuartige, zukunftsträchtige Kommunikationsform stellt die Multi- oder Mischkommunikation dar. Über das multifunktionale Arbeitssystem ist es unter Nutzung der Übertragungskanäle möglich, mit mehreren Kommunikationspartnern gleichzeitig (parallel, simultan) eine gemeinsame schriftliche Dokumentengestaltung über den Bildschirm und der dazugehörigen Gestaltungssoftware durchzuführen.

Als Vorteil der Multikommunikation läßt sich die sofortige Reaktion des Partners feststellen, so daß sich Abstimmungszeiten reduzieren lassen. Die in der Vergangenheit allerdings noch vorhandenen Bedenkzeiten entfallen dadurch völlig.

Zukünftig werden viele heute noch unbekannte neue Leistungsmerkmale durch sogenannte Value Added Networks (VANs) möglich werden, so daß im Breitband-ISDN noch viel Entwicklungsspielraum steckt. Da das Breitband-ISDN so natürlich wie Strom aus der Steckdose werden wird, zumal die gleiche Anschlußtechnik auch bei dem privaten Teilnehmeranschluß Verwendung findet, ist mit einer zügigen Verbreitung und sehr starken Nutzung im geschäftlichen Bereich zu rechnen.

Eine neue denkbare Organisationsform zur gemeinschaftlichen Nutzung von teuren Bearbeitungssystemen, könnte das Grafische Service Zentrum darstellen (vgl. Abb. 8). Hier können Druckereien, Werbeagenturen, Lithoanstalten, Lichtsatzbetrieben usw. neue innovative Dienstleistungen auf breiter Basis, unter Verwendung neuester Technologien, angeboten werden. Diese neuen Dienstleistungen hätten die einzelnen Betriebe aufgrund der beschränkten Kapitalausstattung nie wirtschaftlich nutzen und betreiben können.

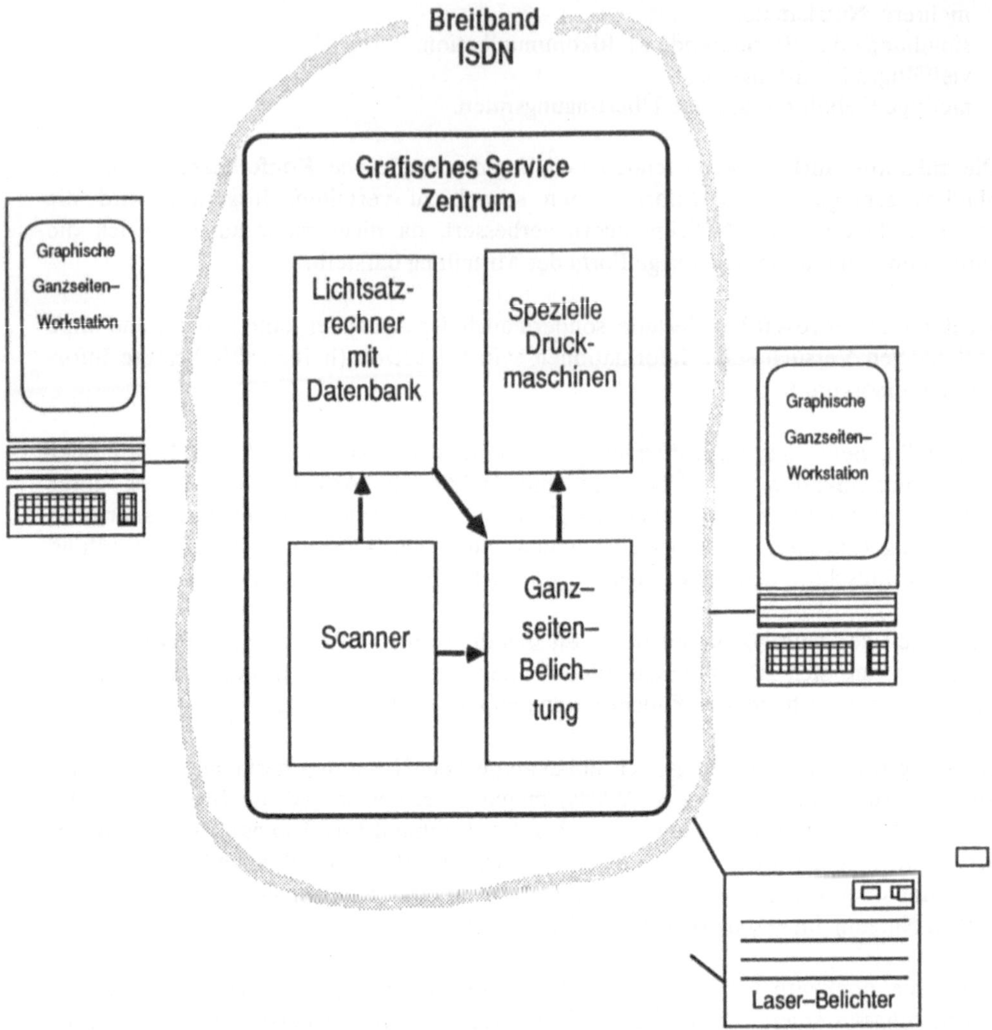

Abb. 8: Offener Netz-Zugang zum Grafischen Service Zentrum über das Breitband-ISDN

Professionelles Desktop Publishing

Erich Fritz, Backnang

Einleitung

Ich muß vorausschicken, daß ich ein gelernter Schriftsetzer bin - ein anspruchsvoller Satzprofi. Mit dem Publishing, dem Gestalten und Drucken, befasse ich mich seit 25 Jahren. Ich habe die Revolution mitgemacht, als der Fotosatz den Bleisatz ablöste. Und ich verfolge aufmerksam und sehr aktiv, wie nun der Desktop Publisher dem Profi-Publisher den Rang ablaufen soll.

Noch nie ist wahrscheinlich bei einer Revolution derart gelogen worden wie beim Desktop Publishing.

Die schlimmste Lüge ist, daß das DTP ein Spiel sei, daß Sie die Seiten spielerisch layouten.

Lüge Nummer 2: Desktop Publishing ist billig.

Die Lüge Nummer 3 heißt WYSIWYG. Die Bildschirmauflösung ist heute für ein "So, wie du's am Monitor siehst, kommt's hinten auch raus" einfach noch zu grob. Man muß froh sein, daß die schlechte Qualität, die man am Bildschirm sieht, eben *nicht* hinten rauskommt. Manchmal kommt es tatsächlich anders raus, als es am Bildschirm stand - vor Überraschungen ist man jedenfalls nicht sicher.

Lüge Nummer 4 - oder vielleicht sage ich vorsichtiger: *Mißverständnis* Nummer 4 ist, daß nur der PageMaker oder höchstens noch der Ventura Publisher Desktop Publishing darstellen.

Versuch einer Kategorisierung

Desktop Publishing, das Gestalten und Drucken mit einem Personal-Computer-System, ist zu einer Mode hochgejubelt worden. Die krisengeschüttelten und umsatzenttäuschten PC-Hersteller sehen in ihm einen Rettungsanker. Und in der Tat, seitdem sich mit VisiCalc das Kalkulieren und mit WordStar die Textverarbeitung am PC durchsetzte, hat keine Anwendung soviel Wirbel gemacht wie das Desktop Publishing.

Der Volksmund sagt, daß viele Köche den Brei verderben. Denn, bei allen Vorteilen, die das Desktop Publishing dem Benutzer bietet: Je mehr Hersteller sich dem Boom zum Desktop Publishing angeschlossen haben, desto unklarer ist geworden, was man darunter eigentlich verstehen sollte.

The world of
Corporate Electronic Publishing

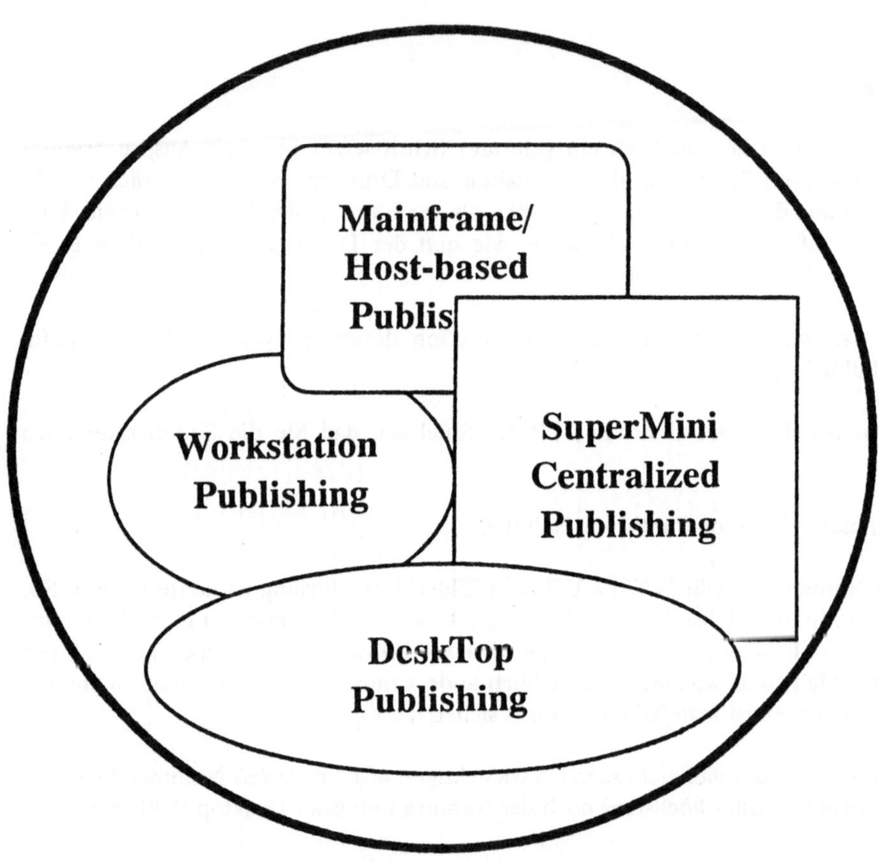

Abb. 1:   The World of Corporate Electronic Publishing

Natürlich meint mit Desktop Publishing jeder Lieferant gerade *das*, was er gern verstehen möchte - und das deckt sich nicht unbedingt mit dem, was sich ein Kaufinteressent vom DTP erhofft.

Grundsätzlich ist das Desktop Publishing eine Untergruppe des Electronic Publishing (siehe Abb. 1). InterConsult, eine amerikanischen Beratungsfirma, unterteilt Electronic-Publishing-Systeme in vier Gruppen :

- Mainframe/Host-based Publishing, das ist das Publizieren mit Hilfe eines Universalcomputersystems;
- Supermini Centralized Publishing, das ist das Publizieren mit Hilfe eines speziellen Minicomputersystems (in diese Kategorie gehören auch die traditionellen dedizierten Satzsysteme);
- Workstation Publishing, das ist das Publizieren mit Hilfe komfortabelster Grafik-Arbeitsplätze, die aus dem CAD-Bereich stammen;
- und Desktop Publishing, bei dem am Publizier-Arbeitsplatz ein Personal Computer steht.

Zur Endausgabe kommt in allen Fällen ein Digitaldrucker und/oder ein Fotosatzbelichter in Frage.

Folgt man dieser Einteilung und bleibt grundsätzlich im PC-Bereich (obwohl sich abzeichnet, daß das Workstation Publishing und das Desktop Publishing miteinander verschmelzen), so lassen sich drei Kategorien von Desktop-Publishing-Programmen herausschälen.

1.   Die *spielerische* Kategorie: Mit Programmen wie Boffin, Newsroom, Printmaster und Print Shop für wenige hundert Mark kann man wunderschöne Glückwunschkarten, Briefbogenköpfe, Kalenderblätter oder Schülerzeitungen gestalten und per Matrixdrucker ausgeben - sofern man viel Zeit dafür aufwendet und Lust und Liebe zum Experiment hat. Geld verdienen kann man damit kaum.

2.   Die *halbprofessionelle* Kategorie: Programme wie Macpublisher, Personal Publisher, RagTime und, am oberen Ende, PageMaker und ReadySetGo eignen sich durchaus schon für gewisse professionelle Anwendungen, zum Beispiel in Werbeagenturen oder bei Kleinverlagen, die ihre Zeitschriften von A bis Z selbst texten, gestalten und umbrechen. Sie sind sehr interaktiv angelegt und halten das WYSIWYG-Prinzip hoch - aber sie lassen manche nützliche Gestaltungs- oder Umbruchautomatik vermissen.

Natürlich muß man die Leistung in Verbindung mit dem Preis sehen. Die halbprofessionellen DTP-Programme kosten nur 500 bis 2500 Mark, sie haben einen gewissen spielerischen Charakter und sind deshalb leicht zu erlernen. Man kann damit allerhand anfangen, aber an anspruchsvolle Satzprogramme reichen sie nicht heran.

Professionelle Desktop-Publishing-Systeme

3.   Unter *professionellem* Desktop Publishing versteht man die Anwendung eines PC-Satzsystems, das sich optimal für eine bestimmte Auftragsstruktur eignet und das

Grundübel des
Desktop Publishing

Ungeübte wollen (sollen) selbst gestalten
(Werbung: Machen Sie es doch selbst!)

Englische   Programmversion

Angebotsabgabe

Praxisnahe,   individuelle   Vorführung

Bedienerschulung

Dokumentation

dafür die optimale Kommunikation, Interaktivität und Automation gleichermaßen, sowie die geforderte Ausgabequalität mitbringt.

Mit Programmen wie Buchmaschine, Mentor, Morris, Page Planner, ScienTEX Publisher, Superpage, Textline oder Ventura Publisher, die bei 1500 Mark anfangen und bis zu 15 000 Mark kosten können, wird professionelle Drucksachenherstellung betrieben - in einem Verlag, in der Dokumentationsabteilung oder Hausdruckerei einer Behörde, Versicherung oder Bank, in einer gewerblichen Setzerei oder Druckerei.

Typische Benutzer sind vielschreibende Autoren, die sich das Redigieren mit Hilfe eines Personal Computers erleichtern; aber typische Benutzer sind auch Setzer und Drucker, die einen PC zur Satzherstellung benutzen. Typische Anwender sind ferner Verlage und Inplant-Abteilungen, die ihre Zeitschriften oder technischen Publikationen am Schreibtisch erstellen, und Zeitungen, die mit einem mehrplatzfähigen PC-System ihre Redaktionen und Anzeigenbüros ausstatten.

Die Profiprogramme basieren fast durchweg auf MS-DOS-PCs. Allen Anstrengungen Apples zum Trotz hat sich der Macintosh im Wirtschaftsleben bislang nur begrenzt durchsetzen können, mit Ausnahme natürlich für das Desktop Publishing im kleinen Stil. Erst der Macintosh II bringt die optimalen Voraussetzungen für ein Profi-DTP mit.

Grundsätzlich müssen solche Systeme fotosatzgeeignet sein; die Ausgabe per Laserdrucker ist natürlich auch sinnvoll, vor allem für Korrekturbelege. Professionelle Desktop-Publishing-Programme müssen in der Lage sein, verschiedene Fotosatzsysteme anzusteuern, und dafür die entsprechenden Dicktentabellen und Ausgabemodule laden können.

Wiederkehrende Gestaltungsmerkmale - für Überschrift, Vorspann, Grundtext, Zwischenüberschriften, Bildlegenden usw. - möchte der Benutzer mit Makrokürzeln markieren, denen im Speicher die kompletten Gestaltungsbefehle hinterlegt sind und die der PC-Satzrechner beim Ausschließen automatisch berücksichtigt. Dieser wichtigen Arbeitserleichterung dienen auch, bei einigen moderneren DTP-Programmen, die sogenannten Style Sheets.

DTP und Organisation

Ein *wirtschaftliches* Desktop Publishing kann ohne Arbeitsvorbereitung nicht funktionieren. Die typischen DTP-Programme basieren mit ihrer Interaktivität und ihrem absoluten WYSIWYG-Anspruch auf der Improvisation. Das Hin-und-her-Schieben von Text und Bildern mit der Maus ist zwar auf den ersten Blick faszinierend, schadet aber in der Praxis dem Geldsäckel.

Zum Publizieren gehören auch Planung und Organisation. Eine Ausnahme ist derjenige Fall, den die Systemanbieter immer in den Vordergrund schieben: eine Person, die den Text verfaßt und bearbeitet, die die Grafiken am PC erstellt, das Text- und Bildmaterial zu Seiten umbricht, die den Laserdrucker bedient - der Do-it-yourself-Publisher in vollem Umfang. Der Benutzer schafft sich seine eigene Ordnung, die von außen manchmal wie ein Chaos anmutet.

Viel öfter ist das Publizieren aber eine Teamleistung. Alle beteiligten Personen müssen sich die Texte und Bilder sinnvoll zuspielen, so daß niemand den anderen behindert, sondern unterstützt. Spätestens wenn man ein DTP-System im Netzwerkverbund aufbaut, merkt man, daß das Do-it-yourself-Publishen seinen spielerischen Charakter verliert. Ohne Disziplin und ohne Arbeitsvorbereitung geht nichts mehr.

Es gibt mehr und mehr Stimmen, die meinen, die Netzwerktechnologie sei im professionellen Desktop Publishing das A und O. Von den halbprofessionellen und sowieso von den spielerischen DTP-Programmen sind bislang nur wenige echt netzwerkfähig. Bei den Profiprogrammen gibt es schon einige professionelle Netzwerkversionen.

In diesem Sinne ist Desktop Publishing nicht nur das Layouten und den Seitenumbruch - das ist im Grund ja nur die draufgesetzte Spitze -, sondern das Gesamt-Publikationssystem. Und deshalb ist nachfolgende Marktübersicht auch breiter ausgelegt als sonst üblich.

Desktop-Publishing-Profiprogramme lassen sich in folgende Kategorien einteilen:

- Autorenprogramme
- PC-Setzerprogramme
- Layout- und Umbruchprogramme
- PC-Zeitungssysteme
- und Ausgabesysteme.

Autorenprogramme

Darunter sind spezielle Textverarbeitungsprogramme zu verstehen, die sich in erster Linie an Textschöpfer wenden - an solche nämlich, die den Umstieg von der Schreibmaschine an einen PC wagen. Die Autoren oder Redakteure schreiben meist für einen Verlag, der das Werk - einen Zeitschriftenartikel oder ein Buch - fotosetzen und drucken lassen will.

PC-Autorenprogramme können aber auch von professionellen Texterfassern und -erfasserinnen benutzt werden. Die gestalterischen Möglichkeiten dieser Programme sind begrenzt, ein Seitenumbruch ist, wenn überhaupt, nur umständlich oder nur bei ganz einfachem Layout möglich. Wichtiger ist, daß der Autor einen satzidentischen Zeilenverlauf simulieren kann (wobei nicht unbedingt die Originalschriften am Bildschirm stehen müssen, wohl aber mit den Originaldickten gerechnet werden muß), so daß der Autor den exakten Umfang schon *vor dem Satz* ermitteln und auf Umfang schreiben kann. Wie oft bekommt ein Autor doch vorgegeben, seinen Artikel auf (sagen wir) fünf Druckseiten auszulegen!

Ob die komfortablen wissenschaftlichen Textverarbeitungsprogramme wie PC TEX und MicroTEX, Manuscript sowie der ScienTEX Publisher und T3 zum professionellen Desktop Publishing gehören oder nur spezielle Korrespondenzprogramme sind, darüber kann man streiten; die Grenzen fließen sowieso. Sie bieten jedenfalls nur sehr begrenzte Fotosatzmöglichkeiten.

Beispiele für Autorenprogramme:

- BitByteBuch des Verbands für Informationsverarbeitung,
- i.O. von Lunter,
- Maxitext von isys,
- Multitext AS von Multicom,
- TypoVision von Rojasoft [Hofer & Stromer]

und wissenschaftliche Programme wie

- Manuscript von Lotus,
- T3 [RFI],
- ScienTEX Publisher [Midas].

PC-Setzerprogramme

Ein PC-Setzerprogramm sollte ein Setzer bedienen, denn nur *er* wird das Letztmögliche herausholen - dank seinem gestalterischen Wissen und Können und dank seinem Vorstellungsvermögen. Denn hier handelt es sich um ausgewachsene Satzprogramme, die entweder von einem traditionellen Satzsystem auf einen PC übertragen worden sind oder einem solchen deutlich nachempfunden wurden.

Die Programme enthalten praktisch alle Funktionen, die sich ein Satzexperte für den vielseitigen Qualitäts-Fotosatz wünscht, bis hin zur Anzeigen- und Tabellengestaltung. Alle diese Funktionen gibt der Setzer mit konventionellen Satzbefehlen ein. Ein Seitenumbruch ist möglich, wenn auch man die Flächen umständlich mit x/y-Koordinaten definieren muß (was andererseits aber eine hohe Präzision gewährleistet).

Das WYSIWYG dieser PC-Satzprogramme ist beschränkt, bei einigen fehlt sogar jede grafische Darstellung. Aber auf diese Weise plagen sich heute immer noch die meisten Setzer ab - und was sie mit ihren primitiven Satzbildschirmen fertigbringen, und zwar wirtschaftlich und in hoher Qualität, straft die totalitären WYSIWYG-Fans Lügen. Es geht auch ohne!

Beispiele für PC-Setzerprogramme:

- AMI von Amicus [Monotype],
- Deskset von G.O. Graphics [Bayard],
- MaxxPlus von AM International,
- PTS Publisher von Compugraphic,
- TypeCast von Unified Technology [Bacs],
- Type PC von TechConsult,
- TypeSet/PreView von Brüggemann,
- Typostar von Prohm [Foag],
- Typotext von Waldorf & Deiser [Foag].

Probleme des
Desktop Publishing

Ein System, mit dem Sie alles machen können

zu geringe Auflösung des Bildschirms:
Echtschriftdarstellung, Unterschncidungen,
Linienstärkcn - ist das *wirklich WYSIWYG*?

gute   Silbentrennung

Genauigkeit
(Mausbedienung ohne Zahlenkontrolle)

Kommunikation
zwischen   verschiedenen   Programmen
(positive Ausnahme: Macintosh)

Einbindung   in   Netzwerk

Ansteuerung   verschiedener   Fotosatzbelichter
(= Schriftproblcm)

Rasterbilder

langsame   Bildschirmaufzeichnung
(Hoffnung: spezielle Grafikprozessoren
oder mathematischer Koprozessor)

langsamer   RIP
(PostScript)

Layout- und Umbruchprogramme

Interaktiver oder automatischer Seitenumbruch - das ist hier die Kardinalfrage. Ein allzu menschlicher Fehler ist es, wenn man sich von den interaktiven Möglichkeiten der PCs oder Grafik-Workstations fangen läßt und darüber die Kritikfähigkeit verliert, ob diese Machenschaften auch sinnvoll und wirtschaftlich sind. Wohlgemerkt, es geht hier um den professionellen Einsatz der Umbruch-PCs, bei denen der menschliche Spieltrieb unterdrückt werden sollte, weil er nur Geld kostet.

Es ist nicht ganz einfach, herauszufinden, für welche Drucksachen die *interaktive* Seitengestaltung und für welche der *automatische* Seitenumbruch vorzuziehen ist. Vereinfacht kann man sagen, daß Automatismen da angebracht sind, wenn es sich um größere Arbeiten handelt, deren Aufbau weitestgehend standardisiert ist (das trifft für mehr Arbeiten zu, als man gemeinhin annimmt) und die immer wiederkehren. Zum Beispiel bei Büchern, Manuals und Fachzeitschriften.

Interaktiv sollte man eine Drucksache umbrechen, wenn sie kurz und einmalig ist - wenn es sich also nicht lohnt, die Standardgestaltung zu analysieren und vorzuprogrammieren -, wenn bei längeren Arbeiten jede Seite anders aussieht (wie bei Prospekten, Publikumszeitschriften oder Zeitungen) oder wenn man eine Einzelseite aus einem automatisch umbrochenen Kapitel herausnehmen, korrigieren und neu umbrechen muß.

In dieser Hinsicht - automatisch oder interaktiv - unterscheiden sich die PC-Layout- und Umbruchprogramme, die heute angeboten werden, sehr stark. Die spielerischen und die halbprofessionellen Desktop-Publishing-Programme bauen vorwiegend auf dem interaktiven Gestalten und Umbrechen auf, während die professionellen eine gute Mischung aus Interaktivität und Automatiken sind. Automatische Funktionen, wie Silbentrennung, vertikaler Austrieb, Fußnotenpositionierung, Registererstellung, Paginierung und Repaginierung sowie Neuumbruch nach einer Umbruchkorrektur, sind im PC-Bereich noch rar. Grafiken lassen sich manchmal in den Text einmischen.

Grafik-Workstations, wie sie für das technische Publizieren eingesetzt werden - beim sog. Workstation Publishing, siehe oben -, bringen genau die richtige Mischung von Automatiken und Interaktivität mit: für längere Dokumente, die Buch- oder Zeitschriftencharakter haben. Sie sind reaktionsschnell, folgen mit einem hochauflösenden Seitenbildschirm dem WYSIWYG-Konzept, haben eine leichtverständliche Bedienoberfläche, können Text, Grafiken und sogar Rasterbilder mischen.

Aber die spielerische Bedienung an der Oberfläche täuscht: Voraussetzung für den wirtschaftlichen Einsatz dieser teuren Anlagen sind organisatorische Anpassungsmaßnahmen, die Mehrplatzfähigkeit im Netzwerk, die Fremddatenübernahme, die Verwendung von Makros (oder Tags oder Style Sheets) für Standardgestaltungen.

Layout- und Umbruchprogramme für PCs sind diejenigen Desktop-Publishing-Systeme, die in der Öffentlichkeit am meisten Aufmerksamkeit erregen, angefangen beim schon fast legendären PageMaker von Aldus. Mit ihnen kann man Seiten layouten, das heißt die Seiten in Text- oder Anzeigen- oder Bildflächen einteilen, und umbrechen, das heißt in die reservierten Flächen den Text einlaufen lassen und die Anzeigen oder Bilder positionieren. Wohlgemerkt: an einem PC, und nicht an einer 100 000 bis 200 000 DM teuren Umbruch-Workstation!

Praxis in der Verlags- und Druckindustrie ist, daß von Verlagsseite ein Klebeumbruch erstellt wird, nach welchem der Setzer den Umbruch montiert. Um den Text für die Seiten passend zu machen, müssen dabei oft noch Textkorrekturen ausgeführt werden. Der Seitenumbruch besteht demnach aus zweierlei Funktionen: aus Flächenverteilung und Texteingriffen. Während die erste ein grafisches Problem ist und nach grafischer Darstellung verlangt, sind Texteingriffe nach wie vor im Textmodus am leichtesten durchführbar.

Bisher ist es den Desktop-Publishing-Systemen nicht gelungen, diese beiden widersprüchlichen Anforderungen optimal unter einen Hut zu bringen. So stehen sich zweierlei Konzepte gegenüber:

1.	das totale interaktive WYSIWYG, bei dem man vollkommen grafisch arbeitet, das heißt an einem Bitmap-orientierten Bildschirm - der zwar alles gestaltet zeigt, bei Textmanipulationen aber umständlich ist;

2.	und das Hin-und-her-Schalten zwischen einem (grafischen) Umbruchmodus mit keinen oder beschränkten Texteingriffen, und einem Textmodus ohne grafische Darstellung - ein Konzept, das Textkorrekturen, die sich aus dem Umbruchverlauf ergeben, wiederum umständlich macht.

Wie schön wäre es daher, wenn es ein Gesetz gäbe, das Textkorrekturen im Umbruch verbietet. Aber mangels eines solchen plagen sich die Setzer weiterhin mit Verlegern, Herstellern, Layoutern und Kunden herum, die erst auf dem Klebeumbruch ihren Text fertigstellen.

Einfacher hat es da ein Desktop Publisher, der, weil er an seinem PC merkt, welchen Aufwand solche späten Textmanipulationen bedeuten, dann doch seinen Text in der ursprünglichen Fassung läßt. Ob er seine nächste Drucksache wieder reumütig zum Setzer bringt? Es ist doch viel leichter, jemanden anzuweisen, was er tun soll, als es selbst zu tun. Allerdings muß man für diese Dienstleistung häufig bezahlen.

Beispiele für Layout- und Umbruchsysteme:

Die Pioniere:

- Type Processor One von Bestinfo,
- PagePlanner von Commercial Graphics,
- Do-It, später FrontPage, von Studio Software,
- Personal Composition System von Compugraphic.

Die (bisher) erfolgreichsten Programme:

- PageMaker von Aldus [ALSO-ABC],
- Ventura Publisher von Rank Xerox

außerdem:

- Buchmaschine [Buchmaschine],
- Superpage von Bestinfo [isys],
- Textline von CCS

sowie das Macintosh-Programme Quark XPress.

Zeitungssysteme

Zeitungen gehören der Kommunikationsindustrie an, aber sie kommunizieren (über ihre Blätter) nicht nur nach außen, sondern sie betreiben auch intern einen regen Informationsaustausch: innerhalb der Hauptredaktion, mit den Außenredaktionen, mit Nachrichtenagenturen wie der dpa oder der Schweizerischen Depeschenagentur, mit Börsendatenbanken, mit den Anzeigenbüros, zwischen Anzeigenerfassung und -fakturierung.

Zeitungsverlage haben ein Handikap: Sie *müssen* erscheinen, auch wenn ihr Satz- oder Redaktionscomputer mal streikt. Um dem vorzubeugen, kaufen sie grundsätzlich alles doppelt oder mehrfach - eine teure Versicherung für den Leser, daß er seine Zeitung jeden Morgen beim Frühstück in die Hand bekommt.

Was das mit dem PC zu tun hat? Nun, Außenredakteure brauchen, wenn sie ihren Textumfang und Seitenumbruch exakt planen wollen, die volle Rechnerleistung an ihrem Schreibtisch. Inserate wollen nicht nur gesetzt, sondern auch abgerechnet werden - und zwar möglichst schnell, vielleicht sogar gleich bei der Anzeigenannahme am Telefon oder in der Schalterhalle. Dezentrale Intelligenz ist genau das richtige Motto für den Zeitungsbereich, der universelle Personal Computer genau das richtige Arbeitsgerät. Aber vernetzt muß er sein, denn wie erwähnt, die Zeitungsbranche ist kommunikationsintensiv.

Kein Wunder, daß in letzter Zeit, nachdem die Netzwerktechnologie im PC-Bereich endlich Fuß faßt, einige Zeitungssysteme auf Netzwerkbasis herausgekommen sind: in den USA, in Großbritannien, Finnland, Deutschland und in der Schweiz. Dort hat die Neue Zürcher Zeitung Aufsehen erregt mit ihrem Projekt NZZ 2000, das eine neue Zeitungszukunft 2000 verspricht und derzeit in der Erprobung steckt.

Beispiele für PC-Zeitungssysteme:

- CText von CText [Autologic],
- Mentor von G.B. Techniques [Monotype],
- Tecs/2 von Morris [Information International],
- NZZ 2000 der Neuen Zürcher Zeitung,
- TIPS des Toronto Star.

Ausgabesysteme

Viele Fotosatzbelichter bieten sich für den Anschluß an ein professionelles Desktop-Publishing-System an: auch einige digitale Drucker, vorwiegend Laserdrucker, aber auch ein LED-Drucker von Agfa-Gevaert und ein Lichtschaltzeilendrucker von Olympia.

Wer jedoch bei den angebotenen Ausgabegeräten immer wieder über den Ausdruck PostScript stolpert, dem sei bestätigt, daß dieses Interface - genauer verbirgt sich dahinter eine Seitenbeschreibungssprache, die die Befehle des PC-Satzprogramms in Positionsangaben für den Laserstrahl im Drucker oder Belichter umsetzt - ein Quasi-Standard in der Desktop-Publishing-Welt geworden ist.

Durch eine beispiellose Kooperation dreier Firmen: Apple, die den grafikfähigen Macintosh und LaserWriter beisteuerte, des renommierten Fotosetzmaschinen-herstellers Linotype und von Adobe als Schöpfer der Seitenbeschreibungssprache PostScript. Aus dieser Zusammenarbeit resultierte die Serie 100 von Linotype, die erst-mals identische Fotosatzschriften am Mac-Bildschirm, auf dem LaserWriter-Ausdruck und mit dem Belichter Linotronic 100 oder 300 ermöglichte.

Heute zeichnet sich ab, daß auch die anderen wichtigen Fotosetzmaschinenbauer den PostScript-Faden aufnehmen und ihre Laserbelichter PostScript-fähig machen; Zum Beispiel Berthold, Compugraphic, Monotype und Scangraphic.

Beispiele für Ausgabesysteme:

- Fotosatz: Serie 100 von Linotype (über PostScript).
- Verschiedene Belichter von AM International, Autologic, Berthold, Compugraphic, Linotype, Monotype, Scangraphic - vor allem CRT- oder Laserbelichter, ohne oder mit Zwischenschaltung eines RIP.
- PostScript-kompatible Digitaldrucker, z. B. LaserWriter (Apple), PS 400 (Agfa-Gevaert), PS 800 (QMS), VT 600 (AM International) und LaserJet II (Hewlett-Packard).
- Wichtige Raster-Image-Prozessoren stammen ferner von Chelgraph (ACE), Imagen (DDL), Monotype (Monotype RIP), Tegra (Genesis) und Xerox (Interpress).

Schlußbemerkung

Bei Tests wurde häufig festgestellt, daß fast jedes DTP-Programm noch elementare Mängel hat, die seinen wirtschaftlichen Einsatz in Frage stellen können. Man kann meist nur auf eine verbesserte Version hoffen.

Deshalb: Informieren Sie sich vor dem Kauf eines Desktop-Publishing-Programms gut, welches Programm gerade für Ihre Arbeiten optimal geeignet ist. Denn jedes Programm hat seine Stärken und Schwächen woanders: beim Werksatzumbruch, beim Umbruch von Zeitschriften, bei wissenschaftlichem Satz, als Autoren- oder Redaktionsprogramm, bei der interaktiven Gestaltung kleinerer, aber diffiziler Arbeiten.

DTP - Technologie als Werkzeug menschlicher Kreativität

Gerhard Jörg, München

Aus dem Griechischen übersetzt, heißt Technologie Kunstlehre oder Handwerkslehre. Vor etwas mehr als 500 Jahren war die Erfindung des Buchdrucks von Johann Gutenberg mehr als eine neue Kunstlehre oder Technologie. Sie war ein wichtiges Kapitel in der intellektuellen Geschichte der Menschheit. Durch die Kunst des Buchdrucks war es möglich geworden, seine Ideen zu verbreiten und sich somit einer breiten Masse mitzuteilen.

Technologie hat übrigens in den meisten Fällen zur Entfaltung des menschlichen Intellekts beigetragen. Das mag auch ein Grund dafür sein, warum sie häufig mit Mißtrauen betrachtet und als Teufelszeug verurteilt wurde. So hatte selbst der griechische Philosoph Plato seine Bedenken, der breiten Masse das Schreiben beizubringen - eine der fundamentalsten Technolgogien der Menschheit. Das Schreiben, so dachte Plato, könnte die Menschen zu dem Irrglauben verführen, klug zu sein.

Seit der Erfindung der Drucktechnik wurden die damit sich entwickelnden Möglichkeiten wie eben die Verbreitung unabhängigen oder revolutionären Gedankenguts über Jahrhunderte hinweg gefürchtet. Und auch heute gibt es Länder, in denen Bücher verbrannt und der freie Informationsfluß behindert wird. Der Personal Computer (PC) beschreibt ein jüngeres Kapitel in der Geschichte der Technologie, die dem Menschen zu mehr Kreativität und Selbständigkeit verhilft, aber auch zur Förderung des logischen Denkens beiträgt. Mit fortschreitender Technik und dem damit verbundenen Wandel der Arbeitswelt in den Büros wird es neben Fachwissen und Fachfertigkeiten für den Berufstätigen immer wichtiger werden, sich selbst zu motivieren und mit anderen kreativ zusammenzuarbeiten. Mit dem Personal Computer bekommt der einzelne ein Werkzeug an die Hand, welches er zur Entfaltung seines Arbeitspotentials einsetzen kann. Damit kann er seine Arbeit effizienter und reibungsloser gestalten oder organisieren.

Als Ende 1985 Desktop Publishing von Apple in seiner jetzigen Form (Macintosh, LaserWriter und das Seitenlayout-Programm PageMaker) der Öffentlichkeit vorgestellt wurde, wußte niemand so richtig, was das bedeutet: Desktop Publishing. Und außerdem war dieser Begriff für uns Deutsche auch nicht so einfach auszusprechen. Ich glaube, daß alle, die diesen Beitrag lesen, heute wissen, was mit Desktop Publishing oder abgekürzt DTP gemeint ist.

Desktop Publishing, um es kurz zusammenzufassen, heißt computergestütztes Publizieren bzw. computergestütztes Bearbeiten und Verarbeiten von Informationen samt präsentationsreifem Druck der Vorlage durch Menschen, die nicht über EDV-

Kenntnisse verfügen müssen. Desktop Publishing bedeutet auch, daß alle Elemente des Publizierens von einem Arbeitsplatz mit einem einzigen Computer vorgenommen werden können. Daß dies heute möglich ist, verdanken wir dem Zusammenspiel einiger glücklicher Umstände. Als wir in Kalifornien den LaserWriter vorstellten, wollten wir primär die Graphikstärke unseres Macintosh Pesonal Computers demonstrieren. Der LaserWriter war der erste graphikfähige Laserdrucker mit hoher Druckqualität und großer Druckgeschwindigkeit. Mit einer Speicherkapazität von 2 MB war der Laser Writer einer der komplexesten Computer, die Apple je hergestellt hat. Dann entwickelte die amerikanische Firma Adobe die Seitenbeschreibungssprache PostScript, die für den LaserWriter als Basis diente. Und schließlich sah das Softwarehaus Aldus im Macintosh, dem LaserWriter und PostScript das ideale Gespann für sein Layout-programm PageMaker. Apple war damit in der Lage, in dem Bereich Desktop Publishing die Führung zu übernehmen. Die Wirtschaftswoche hat den Marktanteil von Apple an DTP in der Bundesrepublik auf ingesamt 80 Prozent geschätzt.

Alles in allem ist schließlich auch Desktop Publishing eine weitere Entwicklung des kreativen und stimmulierenden Wirkungen des Personal Computers, ein weiterer Schritt also in Richtung höherer Kreativität und größerer Produktivität. In diesem Sinne ist Desktop Publishing ein Konzept, das genau der Philosophie von Apple entspricht, wonach Technologie den Bedürfnissen des Menschen dienen soll und nicht umgekehrt.

Apple erhebt nicht den Anspruch, Desktop Publishing alleine erfunden zu haben. Was Apple jedoch getan hat, war, die Technologie auf die individuelle Anwenderebene zuzu-schneiden. Denn aus der Sicht von Apple ist Technologie nicht Selbstzweck, sondern dient der Erfüllung menschlicher Bedürfnisse.

Der Macintosh ist mit einer Software ausgerüstet, die es dem Computer ermöglicht, Grafiken und eine große Anzahl von Schriftzeichen auf dem Bildschirm zu zeigen. Das Programm heißt QuickDraw.

Mit QuickDraw und PostScript im LaserWriter sowie der Fähigkeit dieser beiden Pro-gramme, ihre Daten auszutauschen, kann der Anwender genau das auf dem Bildschirm sehen, was später ausgedruckt wird - unsere von vielen zitierte Zauberformel WYSIWYG - What You See Is What You Get. Diese beispielhafte Visualisierung des fertigen Dokuments ist maßgebend für unsere Desktop Publishing-Lösung - in diesem Bereich ist der Macintosh wirklich einzigartig.

Und damit hat unsere Lösung auch die Standards im Desktop Publishing gesetzt: Post-Script-Software ist Standard. Der LaserWriter ist de facto ebenfalls Standard. Der gesamte, auf dem Macintosh basierende Ansatz für Desktop Publishing ist eine Norm, die häufig nachgeahmt wird.

Welche Aufgaben kann Desktop Publishing übernehmen?

DTP ist ein von den Aufgabenstellungen her gesteuerter Markt. Wichtig ist, was Benutzer tun, und nicht, ob sie in einem kleinen oder großen Unternehmen arbeiten. Solche Aufgabenstellungen lassen sich in drei Kategorien unterteilen: einmal Graphik

Macintosh II und LaserWriter II

und Design, dann Seitenlayout und schließlich Dokumentenverarbeitung. Dabei geht die Entwicklung in Richtung kontinuierlich erweiterter Funktionalität bei gleichbleibender Wirtschaftlichkeit der angebotenen Lösungen.

Viele Anwender setzen DTP zunächst einmal mit Layout gleich. Die Apple Entwicklerpartner haben die Seitenlayout-Möglichkeiten in Software-Produkten wie PageMaker 2.0 und Ready, Set, Go! 3 erheblich erweitert. Diese Programme der zweiten und dritten Generation ermöglichen professionelles Layout vergleichbar - von der Funktionalität her - mit dem Level des Zeitschriftenlayouts. Die Programme sind in der Lage, mehrere Hundert Seiten zu verarbeiten; sie automatisieren solch mühsame Tätigkeiten wie zum Beispiel Aufbau und das Plazieren von Textblöcken.

Auf dem Weg zur höherwertigen Textverarbeitung

Herausragende Produkte wie Word 3.0 von MicroSoft oder WriteNow und WordPerfect definieren eine neue Kategorie von Software, die man als "Dokumenten-Verarbeitung-Software" bezeichnet. Sie werden deshalb so genannt, weil ihre Zielsetzung auf die Verarbeitung von ganzen Dokumenten und nicht allein von Wörtern gerichtet ist. Damit werden Aktivitäten - angefangen vom Entwurf eines Dokumentes mit sogenannten Ideenprozessoren oder Outline Software bis hin zu seiner Fertigstellung mit Seitenlayout-Funktionen abgedeckt. Diese Software erweitert damit den Markt bis hin zum professionellen Erstellen komplexer Dokumente, Angebote, Handbücher und Berichte.

DTP hilft den Menschen, besser in Gruppen zusammenzuarbeiten. Es faßt alle Arbeitsschritte zur Erstellung eines Dokuments an einem Ort zusammen, und das gibt den Arbeitsgruppen eine bessere Kontrolle über den gesamten Produktionsprozeß. DTP
verbessert somit die Zusammenarbeit innerhalb einer Gruppe sowie zwischen
verschiedenen Arbeitsgruppen.

Was die Zukunft bringt, wird zum großen Teil von den Bedürfnissen unserer Kunden
abhängen. Sie könnten Prioritäten setzen in:

- hohe Output-Qualität,
- größere Kontrolle über den Publikationsprozeß und den Output,
- geringere Zeit von der Eingabe bis zum Output,
- geringere (Bar-)Investitionen,
- mehr Flexibilität im Design,
- bessere Charakterisierung der gedruckten Seite und
- größere Leistungsstärke, die dann wieder Ideen freisetzt und zur Kreativität anregt.

Apple ist außerdem dabei - mit der aktiven Unterstützung von Drittanbietern -, eine ge-
samte Produktlinie von Systemlösungen zu erarbeiten, die die Leistungsstärke des
Macintosh voll zur Geltung bringt, einschließlich CPU's mit offener Architektur,
Scanner, FileServer und ähnliches mehr.

Alles das zielt darauf ab, dem Anwender mehr Kontrolle über seine Arbeit zu geben,
also mehr Autonomie durch Kontrolle der Technologie. Letztendlich hat Technologie
den Zweck, die Arbeit interessanter und attraktiver zu gestalten. Oder, wie der engliche
Philosoph und Soziloge Bertrand Russel sich ausdrückte: "Letztendliches Ziel der
maschinellen Produktion ist ein System, in dem jede uninteressante Arbeit von
Maschinen verrichtet und der Mensch für Arbeiten freigestellt wird, die Vielfalt und
Initiative erfordern".

Wir haben eine klare und eindeutige Politik, die auf die Verbindung zwischen
unterschiedlichen Computer-Architekturen abzielt. Die Menschen werden in der Lage
sein, die Arbeiten, die sie mit einem Macintosh und einem LaserWriter kreieren, in
verschiedene Systeme zu integrieren - sei es in einer Arbeitsgruppe, über eine weite
örtliche Distanz, oder auch mit einem anderen Macintosh, mit MS-DOS-Geräten oder
einer Großrechenanlage.

Mit dem FileServer können sie über Apple Talk ein Apple Netzwerk betreiben, mit
Ethernet auch ein IBM Netzwerk. Es können Daten in die Systeme der IBM-Welt
eingegeben oder herausgeholt und mit dem LaserWriter ausgedruckt werden.

Der Macintosh kann inzwischen mit MS-DOS-Geräten koexistieren. Unsere eigenen
Entwicklungsanstrengungen sowie die der Drittanbieter haben zu neuen Produkten
geführt, die den Austausch der Daten fördern.

Die DTP-Strategie von Apple in einem hohen Maße auf der Kooperation mit
Drittanbietern. DTP ist einer der besten Beweise für die vielschichtigen Verknüpfungen
in der Computerindustrie.

Z.B. kann dort, wo außergewöhlich hohe Qualität erforderlich ist, die PostScript-Software über den Macintosh für den Laserbelichter von Linotype - die Linotronic 100 und 300 - eingesetzt werden.

Im Bereich der Anwendersoftware sind Entwicklerfirmen zur Zeit sehr aktiv. Die offene Macintosh-Architektur stimuliert diese Unternehmen, neue phantastische Produkte herauszubringen. Ein großer Teil dieser Software zielt auf bestimmte Marktsegmente ab, wie künstlerische Gestaltung und Illustration, Layout, Präsentationsmaterial und Textverarbeitung.

Wir sehen darin eine Bestätigung unserer Bemühungen, die vielseitigen Fähigkeiten des Macintosh auf die konkreten Bedürfnisse der Anwender zuzuschneiden. Und wir sind stolz darauf, mehr und mehr zu sehen, daß der Macintosh zum Standard geworden ist, mit dem andere Systeme verglichen werden.

Inzwischen kommt die zweite Generation von DTP-Produkten auf den Markt. Mit dem Macintosh SE und den Macintosh II. hat Apple sich der MS-DOS-Welt geöffnet. Größere Bildschirme, die für DTP besonder interessant sind, und ergonomische Tastaturen sowie natürlich noch mehr Schnelligkeit in der Verarbeitung und ein großes Speichervermögen zeichnen diese beiden neuen Macintosh PC aus. Eine weitere Entwicklung, auf die unsere Anwender schon lange gewartet haben, konnten wir vorigen Monat in Boston präsentieren: den MultiFinder, eine Erweiterung des bisherigen Betriebssystems für die Macintosh-Familie. Mit MultiFinder können Sie unterschiedliche Anwender-Programme bearbeiten und verschiedene Arbeitsschritte parallel ausführen. Der schnelle Wechsel der Programme und das Einblenden von Graphiken in Textblöcke über MultiFinder sind ein weiteres Plus für Desktop Publishing.

Die MS-DOS-Welt hingegen sammelt gerade ihre ersten Erfahrungen. Die MS-DOS-Technologie befindet sich momentan in einer Übergangsphase zum 32-Bit Prozessor, dem 80386. Mit dem Macintosh ist unsere gesamte Software eine 32-Bit-Software, so daß wir nicht gezwungen sind, einen Schritt zurückzugehen und unser bisheriges Konzept zu überarbeiten.

Wir haben nun mehrere Jahre Erfahrung mit Grafik-Software und in der Zusammenarbeit mit Drittanbietern. Wir haben eine vollständige Produktlinie - von günstigen Einstiegssystemen angefangen bis hin zu Produkten der oberen Preisklasse. Wir haben eine offene Architektur, die auch die besten Unternehmen für Software-Entwicklung zur Kooperation veranlaßt.

Natürlich unterschätzen wir nicht die Bedeutung der bisher installierten MS-DOS-Systeme. Das ist auch der Grund dafür, weshalb wir die Anschlußmöglicheiten ausbauen.

Die treibende Kraft, die hinter diesen Entwicklungen steckt, ist sehr einfach. Wir sind Zeugen einer Informations-Explosion. Die Anzahl der zu verarbeitenden Informationen in Unternehmen verdoppelt sich nahezu alle drei bis vier Jahre. Wenn wir in dieser Informationsflut nicht ersticken, sondern von ihr profitieren wollen, müssen wir stärkere und vielseitigere Methoden ihrer Handhabung entwickeln. DTP ist ein Element, um den Informationsfluß in den Griff zu bekommen.

In DTP und den einhergehenden Etnwicklungen stecken noch viele Überraschungen. In kurzer Zeit hat es erstaunliche Fortschritte gegeben. Und im DTP-Bereich wird es in Zukunft sicher noch turbulenter und spannender werden.

Wir reagieren äußerst sensibel auf die Marktbedürfnisse. Und wir haben realisiert, daß der Markt durch menschliche Bedürfnisse und nicht durch das technisch Machbare gelenkt wird. Vielleicht liegt es daran, daß Apple Computer häufig in vielen Bereichen seiner Zeit voraus war.

Wie schon oben zum Ausdruck gebracht wurde, resultiert der Erfolg von Apple aus der Realisierung einer Vision - der Vision von einem kreativen Individuum, das den Wunsch hat, sein produktives Potential zu entwickeln. DTP bedeutet deshalb: größere Endkontrolle der Anwender, maximale Kapazität für kleine Arbeitsgruppen, die ihre Arbeit selbst planen und durchführen, und damit in letzter Konsequenz geringere Betriebs- und Ausbildungskosten.

Desktop Publishing
und MS-DOS-Personal Computer

Uwe Pape, Berlin

Mit dem Begriff Desktop Publishing verbinden viele Menschen in erster Linie das computergestützte Publizieren auf einem Macintosh. Eine naheliegende Frage ist daher: Muß ich, um in meinem Betrieb Desktop Publishing einzuführen, neben meinem PC einen Macintosh installieren? Die Antwort ist einfach: Der PC, sei es ein IBM-XT oder IBM-AT oder ein Nachbau, ist für Desktop Publishing genauso gut geeignet wie ein Macintosh, auch wenn das Arbeiten an einem Macintosh leichter von der Hand geht und viele Funktionen eleganter ausführbar sind.

Die Entwickler des Macintosh wollten einen Rechner auf den Markt bringen, der von dem Benutzer leicht zu bedienen sein sollte. Die Software sollte so konzipiert sein, daß man unmittelbar nach Inbetriebnahme mit dem Gerät arbeiten konnte. Um dieses Ziel zu erreichen, wurden Standards definiert, die eine benutzerfreundliche Bedienung von einfachen Anwendungen bis hin zu höchst komplexen Programmen unterstützen. Aspekte der flexiblen Software-Benutzung und der Software-Entwicklung wurden in den Hintergrund gestellt.

Der PC - wir benutzen diesen Begriff im folgenden synonym für Personal Computer der MS-DOS-Welt - wurde dagegen für Benutzer konstruiert, die im Bereich des Software-Engineering zu Hause sind oder denen zumindest ingenieurwissenschaftliche Denkgewohnheiten zu eigen sind. Die Architektur des PCs weist eine für Anwendungen offene Struktur auf, ist daher für den Anwender nicht ohne Software-Tools zu bedienen.

Im Gegensatz zu dieser Strategie gibt es so gut wie keine Ausbaumöglichkeiten im Hardware- und Softwarebereich für den Mac. Die auf dem Markt verfügbaren Produkte passen sich der Eleganz des Mac an und können vom Benutzer ohne große Schulungsmaßnahmen eingesetzt werden. Die Öffnung zur MS-DOS-Welt hat gerade erst begonnen und steckt noch in den Kinderschuhen.

Für den PC gibt es eine unübersehbare Vielfalt von Hardware-Erweiterungen und Anwenderprogrammen, die erst die vielfältigen Möglichkeiten des PC zum Tagen bringen. Dem Zusammenspiel der Softwaresysteme untereinander sind keine Grenzen gesetzt; allerdings kann eine volle Kompatibilität der Systeme untereinander nur durch ein aufeinander abgestimmtes Design erreicht werden.

Dem potentiellen Macintosh-Redakteur bietet sich eine relativ kleine Anzahl eleganter Produkte an, wie z.B. PageMaker und LaserWriter, die hinsichtlich Hardware, Software und Software-Ergonomie sorgfältig aneinander angepaßt sind. Er hat allerdings kaum die Möglichkeit, mehr zu tun, als ihm angeboten wird. Benutzer eines MS-DOS-PC dagegen sind gezwungen, ihr eigenes System aufzubauen, sich mit zahlreichen Komponenten und deren Problemen auseinanderzusetzen, und schließlich diese Auswahl zu bewerten und eine Kaufentscheidung zu treffen.

Die Grafikfähigkeit des Macintosh ist unschlagbbar. Will man dagegen auf einem PC Grafikanwendungen einsetzen, erweist sich dieser als unheimlich langsam. Dieses Defizit wurde inzwischen mit der Entwicklung des AT, der EGA-Karte, dem Herkules-Grafikstandard und Softwaretools wie Microsoft-Windows beseitigt. Aber selbst, wenn die jeweils letzte Generation eines PC-Produktes die für den PC-Benutzer beste Arbeitsumgebung bietet, wollen Millionen von PC-Benutzern keinen neuen Rechner kaufen und dennoch auf ihrem altem System DTP-Anwendungen einsetzen.

Die meisten Desktop Publishing Systeme unterstützen daher sowohl neueste Personal Computer als auch die im Grafikbereich weniger geeigneten Vorgänger. Diese Rückwärtskompatibilität erlaubt den Herstellern und Verlagen von PC-Literatur, den größtmöglichen Markt zu erreichen und der Mehrzahl von PC-Benutzern DTP-Möglich-keiten zugänglich zu machen. Allerdings ist die Benutzerfreundlichkeit des Macintosh bis heute unerreicht, weil ohne Maus und gute Grafikmöglichkeiten ein effizientes Arbeiten am PC kaum möglich ist.

Während sich Macintosh-Benutzer keine großen Gedanken über Textverarbeitungs-programme und Layoutprogramme zu machen brauchen - ihnen bietet sich eine relativ kleine Auswahl von Produkten an, die gut miteinander in Einklang gebracht worden sind - , ist der PC-Benutzer der Architekt seines Systems, einmal hinsichtlich der verschiedenen Kombinationsmöglichkeiten der Hardwarekomponenten, zum anderen weil es verschiedene Ebenen der Softwareanwendungen gibt, die miteinander korrespondieren, aber in der Regel schrittweise eingeführt werden. Hieraus ergibt sich auch ein nicht unerheblicher Schulungs-aufwand, weil die in der Regel menügesteuerten Softwareprodukte nicht einheitlich ausgelegt sind.

Auch wenn ein alle Anwendungen umfassendes System schwierig zu entwerfen und zu implementieren ist, so wird doch die anfängliche Frustration durch langfristig wirkende Vorteile hinsichtlich der Erweiterung und Flexibilität des Software-Einsatzes wieder aufgehoben. Ein PC-Redakteur kann z.B. mit einem einfachen Textverarbeitungs-programm beginnen und später ein Formatierungsprogramm hinzufügen, das ihm verschiedene Möglichkeiten der Textgestaltung öffnet. Auch kann er unabhängig davon ein Grafikprogramm einsetzen und erst später Text und Grafik durch ein Layout-programm integrieren. Durch diese Flexibilität kann der Benutzer sich auf die Produkte beschränken, die er wirklich braucht, und die Entscheidung hinsichtlich anderer Produkte soweit hinausschieben, bis die Entscheidung gut vorbereitet worden ist.

Das ziemlich robuste Betriebssystem MS-DOS hat gewisse Vorteile, wenn es um den Zugriff auf Individualsoftware und spezielle Dateien geht. Wenn z.B. ein Textprogramm bestimmte Funktionen eines Druckers nicht ansprechen kann, die aber unbedingt benötigt werden, so ist dies Problem dadurch leicht lösbar, daß man nicht den Drucker, sondern die Festplatte oder eine Diskette ansteuert, und anschließend die Datei editiert, und Druckersteuerzeichen einfügt. Diese Form der Datenmanipulation ist auf einem Mac aufgrund der absoluten Konsistenz kaum möglich; ohne Spezialprogramme sind Dateien schwer zu verändern.

Planung eines Desktop Publishing Systems

Die Wahl eines Desktop Publishing Systems hängt stark von den geschäftlichen Zielen und persönlichen Bedürfnissen des Benutzers ab. Sollen werbewirksame Publikationen erstellt werden, oder soll nur die Korespondenz in eine etwas ansprechendere Form gebracht werden? Stehen genügend Mittel für eine Investition in Hardware, Software und Schulung zur Verfügung oder ist das Budget beschränkt? Welchen ökonomischen Nutzen soll das System bringen? Soll das zu publizierende Material am PC erstellt werden oder soll es von andereren bereits existierenden Computersystemen bezogen werden? All diese Fragen müssen beachtet werden, wenn eine Produktentscheidung getroffen werden soll, die sicherstellt, daß genau das System gekauft wird, das benötigt wird.

Die Werkzeuge, die benötigt werden, um professionelle Korrespondenz und Berichte zu erstellen, unterscheiden sich sehr von denen, die zur Herstellung einer Zeitschrift und für Werbezwecke benötigt werden. Wählt man das falsche Werkzeug, handelt man sich unter Umständen ein Vielfaches an Mehrarbeit ein, oder verfehlt völlig das Ziel. Desktop Publishing ist so attraktiv und sieht so einfach aus, daß man sich vorsehen muß, die genauen Anforderungen an die Technologien zu übersehen. Auch darf man nicht vergessen, daß eine bessere Aufmachung nicht über einen armseligen Inhalt hinwegtäuschen soll. Hier ist es wert, mehr Zeit in eine Verbesserung des Textes zu investieren, als durch Äußerlichkeiten Mängel zu verdecken.

Die Ansprüche an die Software können sehr unterschiedlich sein. Steht die Gestaltung des Layouts im Vordergrund, so wird man zuerst die Layout-Software beschaffen und erst im Anschluß daran die Entscheidung über die Anschaffung adäquater Textsoftware und die eines Druckers treffen. Ist dagegen die Druckqualität das wichtigste, so wird man zuerst den Drucker auswählen und erst dann die Textverarbeitung und das Layout-Programm beschaffen. Soll Grafik-Software im größeren Umfang eingesetzt werden, so sind Layout-Software und Grafik-Softare zuerst zu beurteilen.

Die Kaufentscheidung hängt auch sehr wesentlich von der **organisatorischen** Einbindung eines solchen Systems ab. Eine sorgfältige Abstimmung der einzelnen Funktionen wird häufig vernachlässigt.

Die **Hardware** des einfachsten DTP Systems besteht aus einem IBM-PC oder einem kompatiblen Rechner mit 640 K Arbeitsspeicher, einer Herkules Grafikkarte, einem Monochrom Bildschirm, einer Festplatte und einem Nadeldrucker. In Verbindung mit einem guten Textverarbeitungsprogramm und einem Programm zur Formatierung kann man attraktive Zeitungen und Dokumentationen für den internen Gebrauch einer Firma herstellen. Die meisten Unternehmen werden allerdings ein solches System für ihre Korrespondenz für die Angebotserstellung oder für den Druck von Dokumenten, die für Kunden bestimmt sind, nicht verwenden, weil die Qualität des Matrixdruckers nicht ausreicht, auch wenn dieser einen Druckkopf mit 24 Nadeln besitzt. Manch einer wird sich überhaupt fragen, ob man ein solches System ein Desktop Publishing System nennen sollte. Wenn auch heute Formatierung und die Gestaltung eines Layouts in Textverarbeitungsprogrammen weit von dem Ziel des elektronischen Publizierens entfernt sind, so geht doch die Tendenz dahin, daß diese Funktionen in die Textverarbeitungssoftware integriert werden und bereits in wenigen Monaten Produkte auf dem Markt sein werden, die ohne komplexe Layoutprogramme auskommen.

Der Vorteil eines solchen einfach strukturierten Systems sind einmal die geringen Kosten, zum anderen der geringe Schulungsaufwand. Solche Systeme können bereits für wenige 1.000,- DM erworben werden.

Die Druckerqualität kann wesentlich verbessert werden, wenn ein Laserdrucker eingesetzt wird. Ein solcher Drucker wie beispielsweise der Hewlett Packard Laserjet Plus, der wie andere Drucker standardmäßig 300 dpi (Zeilen pro Zoll) aufweist, ermöglicht eine signifikante Verbesserung der Druckqualität, der Geschäftskorrespondenz, bei der Angebotserstellung oder bei der Herstellung von Dokumenten, wo die Druckqualität der Matrixdrucker im Hinblick auf die Kundschaft nicht akzeptabel ist.

Einfache Laserdrucker bieten nur wenige Schriftarten und Schriftgrößen, sind aber für den normalen Gebrauch völlig ausreichend. Diese Drucker sind genauso einfach zu bedienen wie Matrixdrucker und erfordern keine Schulungsmaßnahmen. In die Anschaffung eines hochwertigen Laserdruckers mit zusätzlichem Speicher muß allerdings mehr investiert werden. Eine volle Nutzung ist nur möglich, wenn man hinreichend viele Schrifttypen bzw. entsprechende Software, ein Grafik-Programm und ein Layout-Programm besitzt. Für die meisten Layout-Programme sind allerdings die im Einsatz befindlichen 12"- oder 14"- Bildschirme kaum ausreichend, so daß die Ausstattung mit einem 19"-, 21"- oder A3-Bildschirm wünschenswert ist. Erst dann kann das WYSIWYG-Prinzip voll zum tragen kommen. WYSIWYG-Programme erlauben es dem Benutzer, die in Arbeit befindliche Seite im Bildschirm so anzuzeigen, wie sie auf dem Drucker erscheinen wird.

Die meisten WYSIWYG-Programme kommen mit einem einfachen IBM-PC mit einer Festplatte aus. Eine intensive Benutzung macht allerdings einen Rechner der IBM-PC AT-Klasse erforderlich, der mit einer EGA-Karte und einem Farbbildschirm ausgestattet ist. Die EGA-Karte ermöglicht eine sehr viel genauere Darstellung der zu druckenden Seite. Sie reduziert zudem die Belastung der Augen, verglichen mit dem Standard-IBM-Farbgrafik-Adapter und dem Standard-Farbbildschirm. Bei kleinen Bildschirmen kann nur etwa 1/4 einer Seite dargestellt werden, so daß man bei zahlreichen Korrekturen den Text ständig horizontal und vertikal verschieben muß. Dies ist sehr zeitaufwendig.

Ohne Maus ist ein solches System nicht zu bedienen. Jedoch ist auch hier ein gesundes Maß an Skepsis angebracht: Viele Befehle lassen sich durch Bedienen von Tasten und durch eine damit einhergende verbesserte Ergonomie einfacher und schneller ausführen.

Vergleicht man die Ziele des Unternehmens mit den Möglichkeiten der oben beschriebenen Konfiguration, so sollte es bereits hier möglich sein, eine Entscheidung hinsichtlich der benötigten Hardware zu treffen. Im folgenden sollen die Komponenten des Systems genauer betrachtet werden, so daß auch hierfür eine Entscheidungsgrundlage getroffen wird.

Auswahl des Druckers

Allein die Auswahl eines Druckers ist ein Problem für sich. Die Kosten für eine Ausgabe schwanken zwischen wenigen 100,- DM für einen einfachen Matrixdrucker bis zu über 100.000,- DM für eine hochwertige Fotosetzanlage. Auflösung und Druckgeschwindigkeit sind die beiden Faktoren, die den Preis des Druckers und die Qualität des Produktes bestimmen. Darüber hinaus sollten jedoch auch andere Aspekte berücksichtigt werden, wie z.B. die Folgekosten, Reparaturanfälligkeit, die Zuverlässigkeit eines Einzelblatteinzugs bei Nadeldruckern, Kompatibilität mit bereits existierender Software, Möglichkeiten der Programmierung, Bedienungskomfort und Serviceleistungen am Ort.

Drucker mit bis zu 16 Nadeln sind für Desktop Publishing Systeme ungeeignet. Dagegen sind solche mit 24 Nadeln, wie beispielsweise der NEC P5 und EPSON LQ800 durchaus für eine Ausgabe einfacher Qualität geeignet. Desktop Publishing im engeren Sinne beginnt jedoch erst mit der Verwendung von **Non-Impact-Druckern** (Laserdrucker, Tintenstrahldrucker, phototechnische Drucker). Ein wesentliches Kriterium für die Qualität dieser Drucker ist die Speicherkapazität, die nicht nur die Auflösung, sondern auch die Anzahl der Schrifttypen und Schriftgrößen bestimmt. Von der Speicherkapazität hängt auch ab, wieviele Seiten im Drucker gespeichert werden können.

Die **Druckgeschwindigkeit** ist nicht nur abhängig von den technischen Parametern des Druckers, sondern auch von der Übertragungsgeschwindigkeit vom Rechner zum Drucker. Die Druckgeschwindigkeit ist sehr unterschiedlich und wird einmal bestimmt von der verfügbaren Schnittstelle des Rechners, zum anderen von der zu druckenden Information. Wird nur Text gedruckt, so ist das Formatieren relativ einfach und der Druckprozeß ist schnell, so daß Rechner und Drucker miteinander Schritt halten können. Wird dagegen viel Grafik ausgegeben, so wird mehr Rechenzeit benötigt, was Pausen zwischen der Ausgabe von Seiten zur Folge hat.

Steht die Erstellung von **Texten** und Dokumenten im Vordergrund und werden pro Tag nur wenige Seiten ausgedruckt, so ist die Druckergeschwindigkeit von untergeordneter Bedeutung. Ist dagegen die Arbeit am DTP-System sehr ausgabeintensiv, so sollte ein schneller Drucker mit einer guten Speicherausstattung gewählt werden. In jedem Fall ist eine sorgfältige Analyse der angebotenen Produkte erforderlich.

Eine **parallele** Druckerschnittstelle kann den Text schneller übertragen, als die meisten Drucker drucken können. Eine **serielle** Schnittstelle arbeitet dagegen mit Geschwindigkeiten, die zwischen 300 und 9600 Baud liegen, was etwa 35 bis 1000 Zeichen pro Sekunde entspricht. Eine langsame serielle Schnittstelle ist langsamer als die Geschwindigkeit der meisten Drucker, so daß sich dadurch die seitens des Druckers mögliche

IBM-XT mit Linotronic 300, einem Laser-Belichter für Layout- und Akzidenzsatz
(Werkfoto: Linotype, Eschborn)

Geschwindigkeit erheblich reduzieren kann. Der einzige wesentliche Vorteil einer seriellen Schnittstelle gegenüber einer parallelen Schnittstelle ist die Kabellänge. Serielle Verbindungen können bis zu 25 m lang sein; selbst längere Kabel sind möglich, wenn Verstärker benutzt werden. Parallele Verbindungen sind dagegen auf etwa 3 m beschränkt, ohne daß Verlängerungskabel angeschlossen werden können.

Serielle Schnittstellen ermöglichen darüber hinaus die gemeinsame Benutzung von Geräten. So ist es möglich, daß ein PC an mehrere Drucker angeschlossen werden kann bzw. umgekehrt mehrere PCs sich einen Drucker teilen. Das gleiche gilt auch für parallel arbeitende Verbindungen, allerdings müssen alle PCs bzw. Drucker sich in einer Entfernung von etwa 3 m zueinander befinden.

Laserdrucker produzieren bei einer Auflösung von 300 bis 400 Linien pro Zoll zwischen 6 und 30 Seiten pro Minute. Die Verwendung von Strichgrafiken ist nicht eingeschränkt, allerdings werden Halbtöne nur mit einem relativ geringem Kontrast wiedergegeben und sind nicht selten fleckig oder schraffiert.

Die Kosten für Laserdrucker sind im letzten Jahr so stark gefallen, daß sie heute selbst für kleinere Unternehmen erschwinglich sind. Benötigt wird ein Minimum von 1 MBit Druckerkapazität, um die Grafikmöglichkeiten voll ausnutzen und mehrere Schriftsätze gleichzeitig einsetzen zu können. Man muß in der Regel mehrere Karten für die Schriftsätze bzw. ladbare Schriften und ein Schriftverwaltungsprogramm erwerben, um mehr als nur Times und Helvetica in den Standargrößen wie 12 Punkt nutzen zu können.

Wenn auch die Druckerqualität und die Auflösung mit 300 Linien pro Zoll für den täglichen Gebrauch ausreichend ist, so gibt es doch Anwendungen, die eine wesentlich höhere Auflösung erforderlich machen. So ist es z.B. nicht möglich, eine 6 Punkt große Schrift auf einem Laserdrucker mit der Auflösung mit 300 Linien pro Zoll gut lesbar auszugeben. In solchen Fällen müssen Fotosetzmaschinen eingesetzt werden, allerdings sind die Anschaffungskosten und die Kosten für die Entwicklung der Filme sowie die dafür erforderliche Zeit ein echtes Hindernis, sie in das Konzept von DTP-Systemen einzubeziehen.

Will man nur selten Fotosatzanlagen benutzen, so wird man sich eines Service-Unternehmens bedienen, das die Filmherstellung übernimmt, während der eigene Drucker nur zum Korrekturlesen verwendet wird.

Eine bessere Qualität der Druckvorlagen läßt sich auch erreichen, indem die Ausgabe in einem größerem Format erfolgt, das auf herkömmliche Weise fotografisch verkleinert wird. Auf diese Weise ist auch die vorliegende Publikation entstanden: die Ausgabe erfolgte auf Papier im A4-Format und wurde anschließend um 73% verkleinert.

300 Linien pro Zoll reichen in der Regel auch nicht aus, wenn Bildmaterial verarbeitet werden soll. Schon bei Kreisen und leicht schräg verlaufenden Linien ist die Rasterung des Druckers erkennbar, so daß man auch hier nach alternativen Lösungen Ausschau halten muß. Die einfachste Methode ist immer noch das Einkleben von Filmen. Bei umfangreicheren Texten und einem hohen Bildanteil ist diese Vorgehensweise jedoch nicht mehr vertretbar. Die Tendenz wird dahin gehen, daß eine etwa doppelt so hohe

Auflösung Standard wird. Ein noch höheres Auflösungsvermögen scheitert z.Z. an der Qualität der Toner.

Die Anschaffung eines Druckers sollte erst dann vorgenommen werden, wenn man sicher ist, welche Software man in naher Zukunft einsetzen will. Nur so läßt sich vermeiden, daß man einen Drucker kauft und im Nachhinein feststellt, daß man ihn nicht in vollem Umfang nutzen kann. So gibt es beispielsweise Drucker, die Kursivschrift und Kapitälchen zu drucken in der Lage sind, ohne daß man diese Schriftart nutzen kann, weil Software und Drucker nicht aufeinander abgestimmt sind. Der HP Laserjet kann z.B. hunderte von Schriften drucken; die meisten Programme erkennen aber nur wenige der von HP bereitgestellten Schriften und Schriftgrößen. Will man hier eine optimale Abstimmung erreichen, so wird man Kompromisse machen müssen, einerseits hinsichtlich des Druckers, andererseits hinsichtlich des Komforts bei der einzusetzenden Software.

Textvorbereitung und Seiten-Layout

Layout-Programme wie PageMaker und Ventura sind keine Texteditoren. Man kann mit ihnen zwar Texte erstellen, es ist aber ein ziemlich zeitraubendes Geschäft. In fast allen Fällen wird man daher den für die Publikation vorgesehenen Text mit einem Textprogramm wie MS-Word oder WordStar vorbereiten. Die wichtigste im folgenden zu diskutierende Frage wird sein, ob man überhaupt ein Layoutprogramm benötigt, wenn man Desktop Publishing betreiben will. Will man beispielsweise nur ein einfaches Dokument erzeugen, das wie eine Zeitung aus wenigen Spalten besteht und nur sehr wenige Strichzeichnungen enthält, so kann man sich wahrscheinlich mit einem einfachen Textverarbeitungssystem behelfen. Dies geht insbesondere dann, wenn man gewillt ist, Abbildungen und komplexere Grafiken in die zu erstellende Druckvorlage einzukleben.

Der wesentliche Unterschied zwischen Textverarbeitungs- und Layout-Programmen ist die Art der Spezifikation der **Formatierung**. Textverarbeitungsprogramme sind textorientiert und erfordern bei der Erstellung keine auf den Drucker bezogene Formatierung. Diese ist erst erforderlich, wenn der Text ausgegeben werden soll. Erst vor dem Druckvorgang wird festgelegt, wie breit die Ränder sein sollen, d.h. wie der Text als Block auf der Seite positioniert werden soll.

Schwieriger wird es, wenn im Text Grafiken verwendet werden sollen. Ist im Text eine Grafik vorhanden, wird diese nach unten verschoben, wenn darüber Text eingefügt wird. Diese Verschiebung führt normalerweise dazu, daß eine Abbildung auf einer Seite nicht adäquat positioniert wird. Das Ergebnis ist ein wiederholtes Editieren und Drucken, bis die gewünschte Ausgabeform erreicht worden ist.

Layoutprogramme arbeiten anders. In Layoutprogammen wie beispielsweise PageMaker von Aldus oder Ventura von Xerox wird zunächst ein Rahmen definiert, in dem der Text aufgenommen werden soll. Damit wird die Basis für die Formatierung gelegt. Im Anschluß daran kann man die Positionen der Abbildungen festlegen. Erst dann läßt man den Text in den für den Text vorgesehenen Rahmen hineinfließen. Auch hier ist ein wiederholtes Editieren erforderlich, weil bei Textänderungen die Position der

Abbildungen nicht immer unverändert bleiben soll. Bei geringfügigen Änderungen dagegen übernimmt das Layoutprogramm die Neuformatierung, ohne daß die Abbildungen berührt werden.

Im Extremfall ist es möglich, eine ganze Zeitschrift ausschließlich mit einem Textverarbeitungsprogramm zu erstellen, andererseits für die tägliche Korrespondenz ein Layoutprogramm zu verwenden. Im ersten Fall benötigt man sehr viel Zeit für die Erstellung des Umbruchs und die Einbettung der Grafiken, im zweiten Fall verwendet man seine Zeit für das lästige Editieren, anstelle ein dafür einfacheres Textverarbeitungprogramm zu verwenden.

Die endgültige Entscheidung, welche Programme verwendet werden sollen, hängt schließlich von der Häufigkeit und der Wirtschaftlichkeit des Einsatzes ab. Word 4.0 bietet bereits so viele Formatierungsmöglichkeiten, daß man sich ein Layoutprogramm praktisch sparen kann.

Viele Benutzer von Desktop Publishing Systemen legen Wert auf die Berücksichtigung des WYSIWYG-Prinzips. Aber auch hier ist Vorsicht geboten. Die Darstellung auf dem Bildschirm und das Druckbild stimmen nur dann überein, wenn beide Formen exakt aufeinander abgestimmt sind. Ist dies nicht der Fall, kann es in einer Zeile geringfügige Abweichungen geben, was dazu führt, daß ein Wort in eine neue Zeile übernommen werden muß, so daß unter Umständen Silbentrennfehler auftreten oder der Absatz um eine Zeile länger wird.

Grafiken und Scanner

Man unterscheidet zwei Arten von Grafiken: Strichzeichnungen und Halbtonbilder. **Strichzeichnungen** oder Strichgrafiken bestehen aus schwarzen und weißen Mustern, wie einfache Schwarz-Weiß-Zeichnungen und beispielsweise Balkendiagramme. Strichzeichnungen können auf jedem Drucker dargestellt werden. Eine höhere Auflösung des Druckers bietet die Möglichkeit, geschwungene Kurven und feine Linien genauer darzustellen. Bei einfachen, in der Regel rechtwicklig aufgebauten Grafiken, kann man bereits mit einer geringen Auflösung eine gute Qualität erreichen.

Halbtonabbildungen wie beispielsweise Fotografien und schattierte Zeichnungen bestehen aus abgestuften Grautönen und können deshalb nicht mit jedem Drucker wiedergegeben werden. Zur Darstellung von Halbtönen bedient man sich einer optischen Täuschung: verschiedene Grautöne werden durch verschieden starke und verschieden dichte schwarze Punkte dargestellt. Halbtöne können schon auf einem Matrixdrucker dargestellt werden, aber die Auflösung ist so gering, daß nur wenige Grauschattierungen erzeugt werden können und das gedruckte Bild oft unklar erscheint. Laserdrucker bieten hier eine weitaus höhere Auflösung, die fast an die Rasterung von Fotografien in einer Tageszeitung heranreicht.

Die qualitativ hochwertige Wiedergabe von Fotos im Desktop Publishing-Verfahren ist bis heute nicht möglich und wird auch in naher Zukunft nicht zu realiseren sein. Hier ist man auf die Herstellung von Filmen mit hochauflösenden Scannern angewiesen insbesondere dann, wenn man ein 70er oder 80er Raster anstrebt. Im Gegensatz zu Strichzeichnungen können Halbtonabbildungen nicht vergrößert oder verkleinert werden, da sich die Abstände der Punkte entsprechend verändern. Dies würde zu einer Aufhellung bzw. Verdunkelung der Halbtöne führen. Eine Halbtonabbildung muß daher genau in der Größe vorbereitet werden, wie sie später auf dem Drucker erscheinen soll.

Für die interne Darstellung von Grafiken verwendet man entweder Bitmatrizen oder die Vektortechnik. Aufgrund des hohen Datenvolumens von Bitmatrizen werden nur etwa 80 Punkte pro Zoll horizontal und 60 Punkte pro Zoll vertikal bei Verwendung der EGA-Karte erzeugt. Bitmatrizen können von fast allen Layoutprogrammen, so beispielsweise von PageMaker und Xerox Ventura, gelesen werden.

Vektorgrafiken werden als Folge von Anweisungen wie beispielsweise "ziehe eine Linie von Punkt a zu Punkt b" oder "zeichne einen Kreis vom Radius 10 um den Punkt a" gespeichert. Vektorgrafiken können auf Geräten mit verschiedenem Auflösungsgrad dargestellt werden. Unglücklicherweise gibt es keinen allgemein anerkannten Standard für Vektorgrafiken. Die relativ weite Verbreitung von GEM wurde bei der Entwicklung von PageMaker und Ventura berücksichtigt, aber es ist beispielsweise nicht möglich, Grafiken aus Lotus 1-2-3 zu verwenden. Allerdings besteht die Möglichkieit, Vektografiken in Bitmatrizen umzuwandeln und dann als solche zu übertragen.

Im Gegensatz zu computergenerierten Grafiken können die meisten Scanner Bitmatrizen mit 300 dpi erzeugen, so daß diese Abbildungen der Auflösung der meisten PC-Laserdrucker entsprechen. Diese Scanner können auch simulierte Halbtonbilder während des Scannvorgangs erzeugen. Die Bilder können entweder direkt gedruckt werden oder durch die Verwendung eines geeigneten Formatierungsprogramms oder Layoutprogramms mit dem Text gemischt werden.

Eine gescannte Seite wird auch dann als Bitmatrix gespeichert, wenn sie Text enthält. Diese Dateien können mit einem Textprogramm nicht direkt editiert werden. Hierzu sind spezielle Scanner erforderlich, die OCR-Software verwenden, das Bild analysieren und einzelne Buchstaben zu erkennen versuchen. OCR-Software kann nur bestimmte Schrifttypen erkennen. Dies trifft aber für alle gängigen Schreibmaschinenschriften zu.

Import von Daten aus anderen PC-Anwendungen und von anderen Rechnern

Die ersten DTP-Anwendungen konzentrierten sich auf das Redigieren von Zeitschriften und Editieren von Anzeigen. Für Ein- und Ausgabe wurde der selbe Rechner verwendet. Auch heute werden noch die meisten Texte über die Tastatur in den Rechner eingegeben, der auch für das Drucken bestimmt ist. In der Geschäftswelt werden jedoch häufig Daten verwendet, die bereits in anderen Rechnern existieren, die per Electonic Mail geschickt oder die dem Unternehmen von einem Kunden zugeleitet werden. Viel Zeit, Geld und Frustration kann man sich sparen, wenn die Informationen direkt in das DTP-System übertragen werden und nicht wieder neu eingetippt werden müssen. Die heute noch oft bestehende Inkompatibilität zwischen Systemen wird abnehmen und auch die Einstellung des Anwenders, es sei einfacher, einen Text neu zu tippen, als ihn elektronisch zu importieren, wird sich ändern.

Die wichtigste Anforderung an die Datenkompatibilität ist die Übereinstimmung der Formate. Nur so können Dateien von der DTP Software akzeptiert werden. Diese Formatierung wird normalerweise durch ein besonderes Interface-Format spezifiziert. Es ist vor allen Dingen wichtig zu beachten, daß die Quellinformationen in genau demselben Format geschrieben werden, wie das DTP System sie lesen kann.

Eine zweite Voraussetzung für die Datenkompatibilität ist das Vorhandensein eines Mediums, das die Übertragung von dem Quellrechner zu dem DTP Rechner ermöglicht. Der einfachste Wege ist der Austausch von Disketten. Aber genausogut können lokale Netze oder andere Medien der Bürokommunikation verwendet werden.

Die meisten Programme speichern Daten und Texte in einem Dateiformat, das auf die Besonderheiten des Programms abgestimmt ist und in der Regel vom System-programmierer festgelegt wurde. Gibt man einen beliebigen Text in verschiedene Text-systeme ein und verwendet anschließend den DOS-Befehl "TYPE", so erscheinen auf allen Bildschirmen unterschiedliche Informationen. MS-Word gibt zunächst den Text aus und anschließend etliche Sonderzeichen, zwischen denen sich auch Textteile befinden können. Diese Sonderzeichen sind u.a. Darstellungen der Formatangaben, die im Fall von MS-Word am Ende der Datei gespeichert werden. Andere Systeme speichern diese Informationen am Anfang der Datei. Dies führt bei einer Ausgabe mit "TYPE" unter Umständen dazu, daß der Text überhaupt nicht auf dem Bildschirm erscheint, weil der Befehl die Formatinformationen als Ende der Datei interpretiert. Ähnliches gilt für die Wiedergabe von Dateien in Kalkulationsprogrammen und Daten-bankprogrammen.

Eine Dateischnittstelle zu anderen Programmsystemen ist ein standardisiertes Datei-format zum Import von Dateien. Für die Übersetzung sind von Bedeutung die Spezifika-tion der Art der Daten, die in der Datei gespeichert werden können, das Format zur Abspeicherung der Daten und das Format zur Speicherung von Steuerdaten. Die Übersetzung wird von einem Programm vorgenomen, das die Softwareschnittstelle unterstützt, und zwar über Befehle zum Lesen oder Schreiben im Dateiformat der Schnittstelle. Eine einfache Textverarbeitungsschnittstelle kann beispielsweise besagen, das in der Datei ausschließlich Textinformationen gespeichert werden dürfen, in denen das "SHIFT"-Zeichen (Wagenrücklauf/Zeilensprung) als Ende eines Absatzes verwendet wird. Bei einem Datenaustausch werden in der Regel weit mehr Sonder-zeichen verwendet, beispielsweie zur Kennnzeichnung von Schriften, Schriftgrößen, Tabulatoren, Rändern und anderen Formatinformationen.

Der Hauptgrund für die Softwareübersetzung ist die Erhaltung der Struktur der Infor-mationen einer Datei. In Textdateien will man z.B. nicht nur den Text, sondern auch Strukturinformation übertragen. In Datenbankdateien ist man nicht nur an den Daten interessiert, sondern auch an der Organisation der Datensätze, Segmente, Felder. Man möchte meinen, die Übertragung dieser Strukturen sei eine einfache Sache. Dem ist aber nicht so; fast alle Programme sind nicht in der Lage, Dateien anderer Systeme zu lesen.

Einige Schnittstellen zur Transformation von Dateien wie DCA für Textdateien und DIF für Kalkulationsprogramme wurden speziell im Hinblick auf den Austausch von Dateien entworfen. Andere Schnittstellen arbeiten ausschließlich mit dem internen Format, und bei besonders weit verbreiteten Programmen, wie dBASE III oder Lotus 1-2-3 wurden andere Programmhersteller gezwungen, sich diesem Format anzupassen.

Da man im Bereich DTP in der Regel mit mindestens zwei Programmsystemen arbeitet, sollte man sorgfältig darauf bedacht sein, die Schnittstelle zu prüfen und den Import von Dateien aus einem anderen System testen. So ist es beispielsweise problemlos möglich, mit Xerox Ventura Dateien aus MS-Word oder WordStar zu übertragen.

Im Menü der Dateiverarbeitung kann man die Eingabe solcher Dateien unmittelbar aufrufen. In anderen Systemen wie beispielweise in Ashton-Tates Framework ist für den Import von Dateien eine besondere Sektion im Bereich der Plattenverarbeitung vorgesehen.

Viele Textprogramme enthalten auch eine Exportschnittstelle, um eine Ausgabe zur Weiterverarbeitung in anderen Systemen zu erzeugen. Ist diese Funktion in dem entsprechenden Programmpaket nicht enthalten, sollte vom Nutzer geprüft werden, ob es ein spezielles Konvertierungsprogramm des Herstellers gibt. Der Unterschied liegt lediglich in der Handhabung der Dateien. Bei einer Standard Import-Export-Schnittstelle kann man Fremddateien wie eigene Dateien lesen. Bei Konvertierungsprogrammen muß man das eigene Programm verlassen, das Konvertierungsprogramm aufrufen und anschließend in das Programm zurückkehren, das die konvertierte Datei verarbeiten soll.

In Textverarbeitungssystemen kann ein solches Vorgehen ausgesprochen lästig sein. Da man in der Regel sehr häufig zwischen Textverarbeitungsprogramm und Layoutprogramm wechselt, verliert man mit der Konvertierung von Dateien sehr viel Zeit.

Eine wichtige Schnittstelle in Textverarbeitungsprogrammen ist eine ASCII-Datei. ASCII (American Standard Code for Information Interchange)-Dateien enthalten numeriche Codes zur Repräsentierung von Zeichen in Dateien. Eine ASCII-Schnittstelle enthält ausschließlich Text und keine Struktur- oder Formatierungsinformationen. Wird ein ASCII-File in ein Textverarbeitungsprogramm importiert, wird in der Regel jede Zeile als Absatz interpretiert, und Druckeranweisungen wie Unterstreichung oder Kursivdruck sind entweder verlorengegangen oder werden anders dargestellt.

Die Stärke einer ASCII-Schnittstelle besteht darin, daß mit fast jedem Programm jeder Produktgruppe mit Ausnahme von Grafikprogrammen eine ASCII-Datei erstellt werden kann, die von fast jedem Textverarbeitungsprogramm oder Layoutprogramm gelesen werden kann. Viele Programme, die nicht ausdrücklich den Austausch von Dateien unterstützen, haben einen Befehl wie "Druck auf Platte". Hierbei wird eine ASCII-Datei erzeugt, die Steuerzeichen für den Drucker enthält.

DCA besteht aus mehreren Schnittstellen und wurde von IBM für den Austausch von Text zwischen verschiedenen Computersystemen entwickelt. Es wurde von mehreren Herstellern von Mainframe-Rechnern und PC-Textverarbeitungsprogrammen übernommen. DCA ist eine bequeme Schnittstelle zwischen ungleichen Computersystemen und ungleichen Textverarbeitungsprogrammen. Dokumente im "Revisable Form DCA" enthalten zahlreiche Steuerzeichen zur Beschreibung der Dokumentenformatierung. Diese Art der Übertragung ist vorgesehen für den Transfer von Dokumenten, in denen der Empfänger noch Änderungen vornehmen können soll. Das Format "Final Form DCA" enthält ausschließlich Codes zur Bechreibung des Dokumentes und seiner Ausgabe und wird im Electronic Mail System zur Druckausgabe von Dokumenten verwendet.

DCA wird von vielen Mainframe-Rechnern, Minicomputern und PC-Textverarbeitungsprogrammen unterstüzt. DCA ist vermutlich die am sorgfältigsten definierte und dokumentierte PC-Schnittstelle, so daß hier die geringsten Inkonsistenzen gegenüber anderen Schnittstellen zu beobachten sind. Dennoch ist es wichtig, zu prüfen, ob die wichtigsten Anforderungen an die Formatierung, die benötigt werden, vom dem zu verwendenden Textverarbeitungsprogramm bzw. von ihren bzw. den DCA-Import- und Exportfunktionen unterstützt werden.

Schnittstellen zu Kalkulationsprogrammen und Datenbankprogrammen

Die einfachste Form des Datenimports aus Kalkulationsprogrammen und Datenbanken in Textdokumente besteht in der Übertragung unformatierter Daten in den Text und in der anschließenden manuellen Anpassung und Formatierung. Selbst unter besten Voraussetzungen ist dies ein zeitraubender und oft fehlerbehafteter Vorgang.

Jedesmal, wenn die Quelldaten verändert werden, sieht man sich mit den beiden unliebsamen Alternativen konfrontiert, entweder die Übertragung und den anschließenden Formatierungsprozeß zu wiederholen oder in dem zu erstellenden Dokument die Datenveränderungen nochmals vorzunehmen. Die weitaus wünschenswertere Form der Übertragung ist entweder eine durchgehende Formatierung der Quelldaten oder die Behandlung der Daten wie beim Mischen von Serienbriefen und Adressen, wo die Daten beim Lesen durch das Textverarbeitungsprogramm automatisch formatiert werden.

Die einfachste und zuverlässigste Weise, Daten in ein Dokument einzuspielen, ist die Formatierung der Daten mit der Funktion "Report" im Kalkulationsprogramm oder im Datenbankprogramm und der anschließenden Ausgabe auf Platte. Im importierten ASCII-File werden Strukturinformationen fehlen, aber dies dürfte kein Problem sein, weil die Daten des Kalkulationsprogramms oder des Datenbankprogramms bereits in dem gewünschten Format "gedruckt" sind. Veränderungen können am einfachsten vorgenommen werden, indem man im DTP-System die alten Daten entfernt und eine neue Version der Quelldaten importiert. Das Einfügen von Befehlen zur Formatierung, wie beispielsweise die Auswahl von Schriften und das Hervorheben durch Fettschrift ist nicht einfach möglich. Diese Vorgehensweise ist deshalb nur für einfache Tabellen geeignet, es sei denn, man verwendet ein Formatierungsprogramm. Die meisten Formatierer verwenden ASCII-Codes, die in die zu übertagende Datei unmittelbar eingefügt werden können, indem man spezielle Druckbefehle der Kalkulations- und Datenbankprogramme verwendet.

Die geringsten Abweichungen beim Import von Dateien erhält man, wenn man die MailMerge-Funktion des Textverarbeitungsprogramms verwendet und damit die Rohdaten überträgt und anschließend formatiert. Diese Art der Schnittstelle minimiert die Abhängigkeit zwischen Textformatierung und Kalkulations- bzw. Datenbankprogramm. Diese Unabhängigkeit der Formatierung ist insbesondere dann von Bedeutung, wenn die Daten von einer anderen Person oder Arbeitsgruppe bereitgetellt werden.

Manche Programme wie z.B. WordStar verwenden durch Kommata eingeschlossene Dateien für .MailMerge-Daten, und die meisten anderen Textprogramme haben entweder dieses Format übernommen oder erlauben die Transformationen der in Kommata eingeschlossenen oder WordStar-MailMerge-Dateien in ihr internes Format. Dateien, die Kommata als Begrenzer verwenden, speichern jeden Datenbanksatz oder jede Zeile einer Kalkulationsmatrix als eine Zeile und trennen Felder oder Spalten durch Kommata. Solche Dateien lassen sich mit fast allen Datenbank- oder Kalkulationsprogrammen wie dBASE, Rbase, Framework oder Lotus 1-2-3 erzeugen.

Die augenblicklich erhältlichen Layout-Programme enthalten keine Möglichkeit zur Mischung von Serienbriefen mit Adressen. So ist diese Art der Übertragung von Dateien nur sinnvoll, wenn ein Textverarbeitungsprogramm verwendet wird.

Zusammenfassung

Softwareseitig eröffnen sich ungeahnte Möglichkeiten im Bereich der Textverarbeitung und des Desktop Publishing. Hier findet der Anwender die größte Auswahl aller Mikrocomputerfamilien, die sich in einer kaum faßbaren Vielfalt präsentieren. Der damit verbundene Nachteil wird durch die Möglichkeit eines auf die individuellen Bedürfnisse des Benutzers abgestimmten Systems aufgehoben. Auch lassen sich die Vorteile des IBM-PC und kompatibler Rechner wie deren weite Verbreitung, der relativ geringe Preis und die Erweiterbarkeit von Hardware und Software nutzen. Die oft noch im Entwicklungsstadium befindlichen deutschen Versionen der wichtigsten DTP Programme macht eine sorgfältige Abstimmung von Software und Hardware erforderlich.

Wird der Grafik-Designer zum "Desktop-Publisher"?

Jürgen Hirsch, Rosbach

Desktop Publishing, der Zungenbrecher in der Computerbranche, hat sich nicht nur als Begriff, sondern auch als Idee, als Markt und vor allem als Problem durchgesetzt. Ein Problem für wen?

Die grafische Branche - von der Druckindustrie über die Grafik-Materialhersteller bis zu den Grafik-Designern - fängt an, auf ein Phänomen zu reagieren: Sie ist Zielgruppe und Betroffene zugleich und hat daher Schwierigkeiten, sich eindeutig zu dieser "größten Erfindung im Druckgewerbe seit Gutenberg" (Zitat) zu verhalten.

Ich steh' hier auch, um zu reagieren. Um eine Position zu markieren, um Flagge zu zeigen: Die Grafik-Designer sind da, auch sie beschäftigen sich nun endlich mit der unvorstellbaren, der scheinbar immateriellen Welt der Computer. Die Arbeitsgruppe Computer-Grafik im BDG (Bund Deutscher Grafik-Designer), deren Sprecher ich bin, zog nicht nur aus, um das Fürchten zu lernen, sie hat sich auch vorgenommen, den Stier bei den Hörnern zu packen. Darauf zuzugehen, die Brauchbarkeit zu prüfen und wenn möglich, es zu nutzen, heißt jetzt die Devise. Es wurde lange genug ignoriert und spekuliert. So auch bei Desktop Publishing.

Wenn der DTP-Marktführer in der Werbung die Zielgruppe "grafisches Gewerbe" anfangs etwas verärgert hat, so mag das in Unkenntnis unserer Sensibilität, vermutlich aber bewußt, geschehen sein. Der Markt Desktop Publishing ist ein breiter Markt von Käufern und Anwendern (übrigens muß das nicht immer das Gleiche sein), die sich in der Industrie, in den Büros, in den öffentlichen Verwaltungen, im Handel und Gott weiß wo finden lassen. Wir Setzer, Drucker und Gestalter sind sicher die kleinste Gruppe der Desktop-Beglückten. Aber wir sind sicher auch die aktivste Gruppe der Betroffenen, vielleicht die Betroffenen überhaupt.

Es wird Sie sicher wundern, daß ich hier die Grafik-Designer in einem Satz mit den Setzern und Druckern erwähne. Das ist neu in der Branche, aber wir haben nicht nur das gleiche Anliegen, und Einigkeit macht bekanntlich stark, nein wir haben auch den gleichen beruflichen Ursprung und erfüllen den gleichen Zweck:

Visuelle Kommunikation ist bis heute zum größten Teil das Erzeugen von Bedrucktem geblieben. Desktop Publishing, das Erzeugen von Gedrucktem oberhalb der Schreibtischkante, ist unser gemeinsames Problem, unsere Chance oder unser Ende. Ich bin übrigens auch Mitglied im FDI.

Es kommt darauf an, sich eine eigene Meinung zu bilden und einen eigenen Standpunkt zu haben.

Der Ihnen allen sicher bekannte Peter Schwarz aus Stuttgart hat schon vor zwei Jahren vor Druckern die Möglichkeiten und Gefahren in DTP aufgezeigt. Die großen Druckerkongresse in der BRD im letzten Jahr und deren Presseberichte kamen ja geradezu magisch immer wieder auf DTP zurück, und es wurde unendlich viel Gescheites und Dummes gesagt und geschrieben. Es kam immer nur auf den Standpunkt des einzelnen an, ob es für ihn dumm, altbacken oder selbstverständlich war, oder ob er es als aufregend, zukunftsweisend und berufsverändernd empfand. Es ist schon schwer, ein neues Medium oder eine neue Technik zu begreifen, wenn man den eigenen Standpunkt nicht kennt. Da haben aber wir Grafik-Designer so unsere Schwierigkeiten. Ich meine hier nicht nestbeschmutzend unseren Berufsverband, sondern den Berufsstand allgemein.

Wer sich und seine eigene Arbeitsweise nicht kennt, kann auch nicht herausfinden, wie er mit dem neuen Medium Computer umzugehen hat!

Mangelndes Selbstverständnis und fehlende Einschätzung unseres Markt-Wertes oder - Unwertes bringen uns lamentierend um die Ernte unserer Ausbildung und unserer Begabung. Wir Gestalter bestimmen die visuelle Welt um uns herum, oder besser: wir könnten es. Wollen wir uns mit den Gefahren und den Möglichkeiten von DTP beschäftigen, so müssen wir unsere Aufgaben und unsere Arbeitsweise analysieren und können dann DTP in unser Konzept einbauen. Wer sind wir eigentlich? Was machen wir und was wollen wir machen?

Fragen sie einmal eine Reihe Grafik-Designer, ob sie sich als Künstler oder Handwerker verstehen. Ich bin sicher, Sie werden so viele verschiedene Antworten bekommen, wie Sie Personen befragt haben. Grafik-Designer, wie arbeitest Du? Anders als Du! Für wen arbeitest Du? Das sag ich nicht, Du könntest ja mein Konkurrent sein. Warum arbeitest Du? Weil es mir Spaß macht, mich selbstverwirklichend 14 Stunden am Tag bei schlechter Bezahlung abzuquälen. Oder aber weil ich schon immer etwas mit Zeichnen und Kreativität machen wollte...

Natürlich ist das hier etwas übertrieben dargestellt, aber ich habe folgende Erfahrung gemacht: In einem Seminar, das ich letztes Jahr zum Thema "Elektronische Bildverarbeitung" vor Grafik-Designer hielt, wurde mehr über die Definition des Begriffs "Layout" diskutiert als über die Möglichkeiten, die eine bestimmte Technik oder ein bestimmtes System zu bieten haben. Jeder anwesende Grafik-Designer verstand unter dem Begriff "Layout" **seine** Form, **seine** Arbeitsweise und seinen Zweck, mit oder beim Kunden einen kreativen Prozeß voranzutreiben. Folglich hatte jeder Anwesende auch eine andere Aufgabenstellung oder Erwartungshaltung für das entsprechende Computer-System parat. Das macht ja nichts, ist sicher auch gut so. Grafik-Designer sind Individualisten. Man kann sie nur unter großen Mühen zu ihrem Glück zwingen. Und es ist auch sehr schwer, sie davon zu überzeugen, daß es besser ist, einer Gefahr entgegenzugehen, als vor ihr wegzulaufen.

Als ich diesen Vortrag als Manuskript verfaßte, wußte ich nicht, wie viele von Ihnen "Gestalter" oder "Informationsverarbeiter" sind. Vermutlich kommen auch viele von Ihnen aus den Reihen des Managements und des Marketings, also aus der Gruppe von Geschäftsleuten, die wir eher als Auftraggeber oder Geldgeber kennen. Trotzdem, oder

gerade deswegen riskiere ich hier offene Worte über uns und unseren Berufsstand. Für Sie dürfte es interessant sein, für uns Grafik-Designer wird es allerhöchste Zeit, sich mit den Berufs- und Arbeitfeld verändernden Einflüssen der Elektronik zu beschäftigen.

Werbeagenturen und Grafik-Designer haben heute ein breites Angebot von Dienstleistungen und grafischen Erzeugnissen. Vieles wird als Fremdleistung von Dritten eingekauft.

Wie arbeitet ein Grafik-Designer, was produziert er? Normalerweise je nach Aufgabenstellung und eigener Veranlagung bedient er sich auch eines Straußes von Fremdleistungen. Vom Text zum Fotosatz, vom Foto zur Retusche, vielleicht sogar vom Litho bis zum fertigen Druck - er kauft alles ein, er hat zusätzlichen Organisations- aufwand und Extrakosten, auch wenn er es im Namen des Kunden bestellt. In der Agentur wird diese Arbeit dem Kreativen abgenommen. Als "Freier" ist der Gestalter von seinen Zulieferern abhängig. Sie bestimmen seine Leistungsfähigkeit und damit seinen Marktwert mit. So liegt es nahe, sich davon unabhängig zu machen, sich autonom gewissermaßen die Fremdleistungen ins Haus zu holen und selbst zu bestimmen, welchen Anteil das eigene Leistungsangebot übernehmen kann.

Wie einfach: Man holt sich die Zukunft ins Haus. Desktop Publishing! Büro und Atelier zugleich, alles auf dem Schreibtisch. Hübsch in hellgrau designed. Verführerisch einfach in der Bedienung. Handbücher werden später gelesen ... meist, wenn es zu spät ist ...

Ich erzähle Ihnen sicher nichts neues, wenn ich jetzt die Gegenargumente aufführe, die auch wirklich für den "Freelancer" relevant sind. Er bindet Kapital bis zu einer Höhe von ca. DM 50.000. Was er eigentlich nicht hat. Er hat es auch nie für nötig befunden, sich mit einem gewissen Equipment außer seinem eigentlichen Handwerkszeug zu umgeben. Lucie, Repokamera, Kopierer: Ja, das waren noch Anschaffungen unter ca. 10.000 DM. Dann kommt das Bewußtsein hinzu, daß er, der Kreative, ja zum Handwerker werden könnte. Ihm reicht es oft, sich mit Manuskripten, Satzumfangsberechnungen und Blindtext zu beschäftigen, jetzt soll er den Text auch setzen und korrigieren. Das Finanzamt schaut noch abwartend zu, wie die Katze, die das Mäuschen noch ein bißchen laufen läßt, aber die scharfen Zähne der Gewerbesteuer sind für manchen Freiberufler tödlich. Und drittens: woher soll er die Zeit dafür nehmen. Ist er nicht nur Künstler, sondern hat er sich zugleich ein unternehmerisches Denken abgewöhnt, so fragt er nach dem Kosten-Nutzenverhältnis.

Erfahrungen mit DTP in der eigenen Firma

Ich habe in meiner Firma mit dem Einzug des PC in unser Atelier die Erfahrung gemacht, daß wir automatisch bereit waren, neue Aufgaben zu übernehmen. Hierzu gehört unter anderem die Text(v)erarbeitung.

Die "Schreibmaschine" PC verführt zum Texten, zumindest erleichtert sie das Manuskriptschreiben und -bearbeiten. Ich als Ungeübter (ich schreibe im Adlersystem) bastle lieber am Bildschirm an meinen Sätzen herum als auf der Schreibmaschine. Selbst der Komfort eines Korrekturbandes wird nicht durch die Eleganz der Korregierbarkeit eines bildschirmgebastelten Textes aufgewogen. Es geht weiter. Der Text wird gespeichert, kann erneut korrigiert, umbrochen und schließlich sauber "wie gedruckt" ausgegeben werden. Das Atelier hat damit einen neuen Qualitätsstandard seines Outputs an Geschriebenem erreicht.

Durch DTP gibt es neue Aufgaben für den Gestalter: DTP verändert Arbeits- und Berufsfelder.

Das ganze ist natürlich auch eine Verführung. Unversehens wird der "Visualisierer" zum Texter und zum Redakteur. Bei unserem ersten Versuch, unsere BDG-Hauszeitung für Hessen auf dem PC mit dem Pagemaker zu machen, merkten wir erst sehr spät, daß die Aufgabenverknüpfung von Redakteur, Texter, Setzer, Korrekteur, Layouter, Anzeigenaquisiteur, Producer und Herausgeber uns vor ungeahnte Seelenkonflikte und natürlich auch vor Zeitprobleme stellte: Das Layout der 16 Seiten wurde dauernd geändert, Artikel waren zu lang oder zu kurz oder kamen überhaupt nicht. Anzeigen

Ich mag Dich nicht !
Ich liebe Dich !

waren für die Finanzierung lebenswichtig und mußten daher sorgfältig abgewogen plaziert werden. Sie bestimmten den Aufbau des Heftes, denn wir hatten z.B. nur 8 Seiten 4-farbig zur Verfügung. Wir haben gelernt, aber offensichtlich immer noch nicht genug. Das nächste Heft hatten wir auch wieder übernommen. Ein anderer BDG-Kollege hatte es eigentlich machen wollen. Ihm fehlte die Zeit. Wir zerstörten uns dafür unseren normalen Atelierrhythmus, der natürlich auch von Kundenaufträgen bestimmt wird. Nacht- und Wochenendarbeit zehren doppelt. Und der Spaß mit der Maus wird zum Albtraum, wenn unser PCchen Geheimnisse verbirgt, hinter die wir übermüdet und entnervt einfach nicht kommen. Er - unser PC - bleibt meist der Sieger. Oft bin ich mit dem Gefühl ins Bett gegangen, der Dümmere von uns beiden zu sein. Und, das war das Ärgerliche bei sonderbaren Unklarheiten: Eigentlich hatte er immer recht!

Mit dem PC kann viel Zeichenmaterial gespart werden. Der Verbrauch an weißem Schreibmaschinenpapier ist dafür inzwischen gewaltig angestiegen.

Nun zum eigentlichen gestalterischen Teil: Eine Fülle von Programmen steht uns zur Verfügung. Greifen wir statt zum Filzer nun zur Maus? Ist statt Schmierpapier der Bildschirm unser kreatives Spielfeld? Ich glaube, so darf man nicht fragen. Das hieße ja, daß wir als Gestalter versuchten, unsere Aufgaben und unsere Arbeitsweise genau an den Arbeitsplatz vor dem PC zu übertragen. Mickymouse Apple wollte uns mit Pinselfunktion und Bleistiftsymbol entgegenkommen. Schnell habe ich mich an eine mir neue Zeichensprache und mir fremde Ausdrücke gewöhnt. Die Logik des PC macht mir dann Schwierigkeiten, wenn ich stur an meinem mir gewohnten Entstehungsprozeß von bildhaften Darstellungen und Umsetzungen festhalte. PCs Problem: Jeder Kreative "kreiert" anders, also jeder benutzt einen eigenen Trampelpfad für die Optimierung seines Gestaltungsprozesses. Der arme PC kann aber nicht so viele Möglichkeiten parat haben, damit jeder Anwender darauf seinen Arbeitsweg (auf computerisch) wiederfindet. Das hätte den PC zu schwerfällig und bedienunerunfreundlich gemacht.

Kann man mit Desktop Publishing gestalten? Jein! Grenzen wie nichtfarbigfähig verwischen sich. Typografische Gestaltung wird je nach Anspruch und Programm machbarer. Man muß sie nur wollen und dranbleiben. Die Ausgabemöglichkeiten unserer kreativen Bemühungen sind heute im Schwarzweißbereich angesiedelt. Die Distanz zum gestalteten Endprodukt wird kleiner. Das Scribble, mit dem Bleistift so hingehuscht, wird schnell zum Reinlayout umgesetzt. Blindtext hat ausgedient. Er mußte früher ausgewählt und aufgeklebt werden. Realtexte werden heute im DTP meist selbst erfaßt, beliebig neu umbrochen und neu positioniert. Aus krumpeligen Layout-Linien, die Textzeilen darstellen sollen, wird Lesbares, für den Kunden Realistisches.

Ganzseitenlayout und Gestaltungsraster

Desktop Publishing ist ein Satz- und Gestaltungsinstrument, das längst aus dem Stadium des Amateur-Computers herausgewachsen ist. Es verdient als solches behandelt oder besser gefordert zu werden. Doch ein professionelles Gerät mit professionellen Möglichkeiten setzt auch professionelles Können und professionelles Arbeiten der Benutzer voraus. Dann erst darf man Ergebnisse erwarten, die sich mit dem Anspruch an Professionalität mit herkömmlich gestalteten und gedruckten Kommunikationsmitteln messen können.

Kommunikationsmittel

Desktop Publishing dient der Kommunikation. Zeichen und Bilder - dazu darf man auch die Schriftzeichen rechnen - dienen uns zur Kommunikation. Sie schnell und richtig erfaßbar zu machen, ist die Aufgabe der Setzer und Gestalter. Ein Schreibmaschine-geschriebener Brief wird verständlicher, wenn er gut strukturiert, also gestaltet ist. Zu lange Texte, hintereinanderweg geschrieben, sind lesefeindlich. Auch zu lange Zeilen mit zu kleiner Schrift erschweren das Erfassen des Inhalts.

Wir sind hier mitten in typografischen Problemen. Wie schön, daß man in den Jugendjahren des Desktop Publishing über diese Möglichkeiten nachdenkt. Machen wir doch aus dem DTP ein "Desktop-Design". Von Profis für Profis. Dann macht das ganze noch viel mehr Sinn - und auch mehr Spaß.

Das Ganzseitenlayout hat seinen Ursprung im Bereich der Zeitungsmacher. Man spricht da vom Seitenlayout, wenn man die ganze Seite auf einmal gestaltet. Dabei kann sich das Gestalten nach gewissen Vorgaben, z.B. einem Gestaltungsraster, richten. Gestalten meint hier auch mehr Zusammenstellen, Anordnen, vielleicht auch Komponieren.

Im Arbeitsbereich der Grafik-Designer dagegen versteht man unter einem Layout die vorläufige Gestaltung irgendeines Printobjektes. Dabei ist noch nicht alles festgelegt. Der Kunde soll damit nur einen ersten Eindruck des späteren Printproduktes bekommen. Er hat dann die Möglichkeit, mit dem Gestalter alles durchzusprechen und eventuelle Änderungswünsche vorzubringen. Mitunter ändern Grafik-Designer und Kunde gemeinsam den Entwurf, bis eine zufriedenstellende Form gefunden ist und das Layout verabschiedet wird. Danach erfolgte bis vor kurzem immer eine "Reinzeichnung". Heutzutage wird diese Arbeit oft bereits von Computern gemacht, natürlich müssen sie erst mit den entsprechenden Informationen gefüttert werden. Die zwei Layoutbegriffe meinen wirklich etwas ganz Verschiedenes und sind genauestens auseinanderzuhalten.

Beim Layouten sucht der Gestalter nach einer Form, die dem Inhalt gerecht wird und eine optimale Erfaßbarkeit des Textes garantiert. Dabei geht es, wie schon erwähnt, um gute, mühelose Lesbarkeit, aber auch um Aufmerksamkeitsvermehrung. Also gewisse Stolpereffekte oder Anti-Gestaltungen können durchaus ihren Zweck erfüllen. Es liegt in der Kunst des Gestalters, hier ein gutes Miteinander von Harmonie und Spannung zu erzeugen. Freiräume, d.h. also leere Flächen, sind ein wirksames Gestaltungsmittel.

Der Blick des Betrachters wandert, das kann man messen - von der linken oberen Ecke des Blattes in die rechte untere, einigemale zurück, um dann endlich zu ermüden und zum Weiterblättern aufzufordern. Wird diese Blickwanderung irritiert, so kann ein Unmut erzeugt werden, eine Ablehnung gegenüber dem Text tritt ein. Andererseits sind gewisse Stolpersteine gut. Sie halten den Blick an bestimmten Stellen fest und das Gedächtnis prägt sich diese dann besonders ein. Nun ist es abermals das Können des Werbers oder des Gestalters, daß er solche Stolpersteine nur so einsetzt, daß keine Überreaktion entsteht. Wenn man beispielsweise neben ein gutes, solides Produkt eine, sagen wir leicht bekleidete Dame setzt, so wird diese sicher die Aufmerksamkeit der Betrachter auf sich ziehen, bei den männlichen Umworbenen vielleicht gewisse Emotionen hervorrufen, bei den Damen vielleicht aber auch auf Ablehnung stoßen.

Einladung und Anzeige
zu einer Veranstaltung eines Sportvereins

Nur: Das Produkt kommt zu kurz. An das kann sich keiner hinterher erinnern!

Zu große oder zu kleine Abbildungen oder Schrift rufen oft Unmut hervor. Auch gibt es Farben, die einem weh tun. Unpassendes erzeugt Abscheu - für die Werbetreibenden ein sehr wichtiger Faktor, ein Produktdesign richtig zu placieren.

Zur Produktion bekommen wir auch wieder ein besseres Verhältnis. Manch Grafik-Designer hat sich bei seiner Gestaltung eingezogene Raster, zusätzliche Linien und typografische Experimente verkniffen, weil er ja nachher der Leidtragende ist, sofern er die Reinzeichnung und separierte Vorlagen, meist als unpassende Decker, zu liefern hat. Jetzt kann er das mit ein paar Klicks am Bildschirm erledigen. Falls sein Endprodukt der glatte Offsetfilm aus der Linotronic ist, hat er Trümpfe und Verwantwortung zugleich in einer Hand: Der fertige Film macht den Grafik-Designer zum Producer, er könnte dann auch gleich den Druck übernehmen und hat damit eine größere Kundenbindung erreicht, aber er geht damit auch ein größeres finanzielles Risiko ein. Produktionskosten, also Kosten für Litho, Druck und Verarbeitung, sind oft ein Vielfaches des Grafik-Designer-Honorars. Und dann rasselt das Finanzamt mit der Gewerbesteuer - siehe oben. Also, daß muß man sich schon vorher genau überlegen, was man mit der kleinen grauen Flimmerkiste eigentlich anstellen will.

Ich stelle Ihnen hier ein paar Alternativen vor:

1. Sich ein Spielzeug anschaffen, mit dem man die Freizeit ausfüllt und damit einen gewissen Pionier- oder besser Forschertrieb befriedigt. Oder ein Werkzeug kaufen, daß zwar nicht gerade ganz billig, aber dafür höchst professionell und universell einsetzbar ist.

2. Sich nächtelang zuhause vor den Bildschirm hocken, die Ehe aufs Spiel setzen, Freunde verlieren und im Garten nur noch Unkraut ernten. Oder sich am Arbeitsplatz, notfalls, wenn angestellt, während der normalen Arbeitszeit mit dem Chef über Einarbeitungszeiten arrangieren, intensiv mit dem System beschäftigen, Kurse und Schulungen besuchen, das Handbuch eifrig und nicht erst im Notfall studieren, Kontakte zu Gleichgesinnten und ebenfalls Lernenden suchen.

3. Weiterhin als Grafik-Designer mit dem Selbstbewußtsein des Selbstverwicklichers und dem Image des liebenswerten, aber unberechenbaren Künstlers herumlaufen. Oder aber mit der Zeit zu gehen oder ihr gar vorauszusein, ein zweckmäßiges Denken und Handeln signalisierend, in die Speichen des Zeitrades einzugreifend, ein Image des modernen, gut informierten Partners aufzubauen.

Frage, was wollen Sie? Wo ordnen Sie sich ein? Vorurteile helfen hier nichts. Abwarten bringt auch nichts. Abwarten, "bis das alles mal so richtig läuft", bringt schon deshalb nichts, weil es ohne SIE niemals so läuft, wie SIE es wollen. Nur Sie können an Hard- und Softwarehersteller, Händler und Servicestationen die Forderungen stellen, wie Sie mit einem Computersystem arbeiten wollen. Und wie Ihnen geht es vielen anderen. Wir müssen lernen, in diesem jungen Markt unsere Rolle zu spielen. Nicht nur als dumme Zielgruppe, der man alles verkaufen kann, wenn man lang genug und geschickt argumentiert. Wir können sagen, wie wir uns die Benutzeroberfläche unseres Systems mit Personalcomputern gering zu schätzen, geht dieses Buch von der Tatsache aus, daß Desktop Publishing eine professionell in weiten Bereichen einsetzbare Technik ist, die die Erstellung von Drucksachen verändert hat. Wären wir von den gegenwärtigen und zukünftigen Leistungen der Desktop Systeme als professionelle Publikationstechnik nicht überzeugt, so wäre dieses Buch nicht in der vorliegenden Form geschrieben worden.

kationstechnik nicht überzeugt, so wäre dieses Buch nicht in der vorliegenden Form geschrieben worden.

Was Sie von Desktop Publishing Systemen erwarten können und müssen, eine Orientierung über die Entstehung, die Leistung, die Arbeitsorganisation und elementare Produkteigenschaften finden Sie in Teil 1. Die Entscheidung für eine Systemlösung, die für Ihren speziellen Bedarf geeignet ist, wird die zweite Hürde sein, die Sie – in der Regel als Nichtfachmann des graphischen Gewerbes – zu nehmen haben. Falls Sie sich entscheiden, selber ein Anwender zu werden, finden Sie Hilfen zur Bewältigung dieser Hürde in Teil 2. Desktop

Ausschnitt aus dem Vorwort eines DTP-Handbuchs

1.)   unterschiedliche Schriften,
2.)   zu lange Zeilen,
3.)   zu viel Durchschuß,
4.)   Fehler im Zeilenverlauf.

vorstellen, wie wir mit diesem neuen Zeichentisch umgehen wollen usw.

Ich habe in den letzten Wochen in dieser Richtung entscheidende Erfahrungen gemacht. Ein Ketten-System ist immer so stark, wie das schwächste Glied seiner Kette. Das schwächste Glied kann im technischen, im organisatorischen oder im menschlichen Bereich zu finden sein. Bei der Einführung der Computer-Grafik kommen durchaus alle drei Faktoren als Fehlerquelle in Frage. Ich fand Probleme, wo ich sie nicht vermutet hätte: Desktop Publishing verführt zum kurzfristigen Planen. Die Zeit im Produktionsbereich haben sich in den letzten Jahren mehrfach halbieren lassen. Wenn jetzt der schnelle Desktop-Designer Endfilme aus der Linotronic per RIP (Raster Image Processor) mittels Postscript braucht, wendet er sich am besten an einen Finish-Partner, mit dem er sein Belichtungsproblem vorher abgeklärt hat. Aber was ist, wenn dort und gerade da die Anlage streikt, das System ausgestiegen ist. Das kann vorkommen, sagen Sie, das kann immer mal passieren. Gut, da gibt es ja noch andere ... Wo? Ach, man hat ja die Firma ... in der Nähe, die können doch sicher helfen? Denkste!

Auch der nächste Ansprechpartner mußte passen. Da war gerade ein Befehl zum Übertragen des Programms weggeflogen, wie es so schön heißt. Wohin wohl? Vorletzten Mittwoch waren 3 mir sonst erreichbare Linotronics mit RIP nicht einesatzbereit. 3 Linotronics wurden vom Kundendienst gleichzeitig gerade wieder betriebsbereit gemacht. Und der kleine DTP-Pionier fühlt sich ohnmächtig gegenüber einer großartigen Technik. Da wäre doch einiges zu ändern!

Wenn jetzt der betreffende Produktmanager der betreffenden Firma dies liest und dabei rote Ohren bekommt (ich kann ihn persönlich gut leiden), dann erzählt er vielleicht seiner Geschäftsleitung etwas von unseren Nöten und man glaubt ihm dann und stellt das Problem ab: Es müßte doch möglich sein, ein reines Belichtungssystem speziell für diesen DTP-Zweck zu einem günstigeren Preis auf den Markt zu bringen, damit Agenturen und eventuelle Service- oder Finish-Partner flexibler sind, oder?

Nun soweit über unsere Probleme mit Service-Partnern. Wir wollen damit nicht unsere eigenen Probleme verdecken, Ich habe eingangs den Herrn Schwarz und unsere Verwandten, die Setzer erwähnt. Ist DTP Satzersatz? Nein, niemals und im gewissen Sinne doch. Wir in unserem Atelier wollen den Setzer in den Layoutsetzereien nicht ersetzen. Im Mengensatz ist er schneller und besser, er hat die besseren Programme mit mehr Zeichen, er hat mehr technische Möglichkeiten.

Im sogenannten Layoutsatz ist er ein Spezialist auf seinem Gebiet, er kann ihn ausüben, ohne darüber viel nachdenken zu müssen! Ein Nachteil, sagen Sie? Nein, ihn stört kein Telefonanruf eines Kunden. Er braucht sich auch meistens nicht um Materialnachschub oder den technischen Kundendienst seines Satzsystems zu kümmern. Er braucht sich nicht um den Auftrag, den Kundenkontakt und die Endabrechnung zu kümmern. Außerdem hat er als Individuum einen niedrigeren Stundensatz als ich. Wir sind nur flexibler mit DTP, weil wir oft Zeiten für Manuskripterfassung und -bearbeitung sparen, dem Kunden mit dem bei uns erfaßten Manuskript ein Layout erstellen können und der Setzerei ein gutes Manuskript mit Satzauszeichnung "naturell" liefern können. Uns spart das Zeit, Nerven und Geld, dem Kunden ebenfalls und hilft ihm bei der Entscheidung zum gestalteten Endprodukt.

Fazit: DTP ist ein System für die Hand und den Kopf des Professionellen. Es wird zum professionellen System, wenn Setzer oder Designer daran arbeiten. Die technischen Grundlagen sind dafür da. Wir, die Profis, müssen es nur ausprobieren und Erfahrungen sammeln. Diese kommen wiederum auch den Hard- und Softwareherstellern zugute. Sie wußten bei der Erfindung ihrer Geräte und Programme offenbar oft gar nicht, was wir eigentlich so machen, womit wir unsere Brötchen verdienen und wozu man ihre Systeme noch alles gebrauchen könnte.

DTP gibt uns Gestaltern auch wiederum Verantwortung in die Hand. Gesetzmäßigkeiten lassen sich nicht dafür aufstellen, aber es gibt Regeln und Anwendungsbeispiele, die eine gute Leitlinie darstellen, mit denen man nichts verkehrt machen kann. Gestaltung ist und bleibt eine lebendige Angelegenheit. Gestaltung folgt Trends und Moden. Sie paßt sich dem Zeitgeschmack an und verkörpert ihn. Typografie, die Gestaltung der Schrift, ist eine Kunst, die der Zweckmäßigkeit dient: Der optimalen Information!

Götz Gorissen meinte in seinem Vortrag im Forum Typografie im Sommer in Offenbach: "Der Phantasie und dem Unfug sind keine Grenzen gesetzt. Alles ist machbar, ob es gut wird, hängt von der Fähigkeit, der Kultur und der Sensibilität des Gestalters ab."

Computer Aided Publishing

Günter Agthe, Stuttgart

Einführung

Das Thema elektronische Medien und elektronische Kommunikation nahm in der öffentlichen Diskussion und den Überlegungen der Fachleute in den vergangenen Jahren einen breiten Raum ein. Während der gleichen Zeit ist aber der Umsatz mit Geschäfts- und Werbedrucksachen überdurchschnittlich gewachsen. Das deutet darauf hin, daß der Informationsaustausch, der sich des bedruckten Papiers bedient, seine bedeutende Rolle behält und - mittels moderner Verfahren sich noch ausweiten wird. Dieser Ausbau wird sich zunehmend der elektronischen Informationsverarbeitung als Hilfsmittel bedienen. Computer Aided Publishing, computerunterstütztes Publizieren, Corporate Electronic Publishing, Desktop Publishing, ... das sind die neuen Modebegriffe, die dieses Geschäft begleiten.

Mit den nachfolgenden Ausführungen soll

- zur Klärung der Begriffe beigetragen,
- sollen Lösungen und deren Nutzen für den Anwender aufgezeigt und
- einige Trends diskutiert werden.

Die historische Entwicklung

Das Publizieren mit Computerunterstützung hat sich in den letzten 20 Jahren kontinuierlich entwickelt. Dieser Prozeß war jedoch wesentlich langsamer als z.B. bei der übrigen Daten- und Textverarbeitung. Das lag einmal an der Komplexität der Verarbeitung von so unterschiedlichen Elementen wie Text, Graphiken und Fotografien. Es lag sicher aber auch an den noch limitierten technischen Möglichkeiten bei der Verarbeitungsgeschwindigkeit, der verfügbaren Speicherkapazität und den Bildschirmen. Der manuelle Arbeitsablauf mit dem bekannten Schneide- und Klebevorgang bestimmte weitgehend den Publikationsprozeß. Das erforderte hohes handwerkliches Können. Die meisten Dokumente wurden deshalb auch in Druckereibetrieben produziert. Das war relativ teuer und häufig für einfache Drucksachen nicht bezahlbar.

In den späten 60er und Anfang der 70er Jahre begannen aber auch hier neue technische Möglichkeiten, dem elektronischen Publizieren bisher nicht gekannte Perspektiven zu eröffnen. Programme wie ATMS und DCF gaben erstmals Gelegenheit, auch Dokumente von mehreren hundert Seiten zu erstellen, zu formatieren und zu drucken. Dabei waren viele Vorgänge bereits automatisiert wie Silbentrennung, Paginierung, automatische Erstellung des Inhaltsverzeichnisses und mehr. Der eigentliche Durchbruch aber erfolgte Ende der 70er Jahre, nachdem leistungsfähige EDV-Anlagen mit hochauflösenden Terminals und Laserdruckern einen weitgehend gleichen Standard ermöglichten wie bis dahin der manuelle Prozeß.

Danach kam dann als sinnvolle Ergänzung der Einsatz des Personal Computers, der entweder in einem Personal Publishing System offline und damit völlig unabhängig arbeiten kann, oder aber in einem LAN mit anderen Personal Publishing Systemen verbunden oder gar direkt an einen Zentralrechner angeschlossen ist.

Warum CAP ?

Zunächst einige Daten und Fakten:

1. Nach amerikanischen Untersuchungen geben viele Unternehmen 6 - 10 % ihres Umsatzes für die Herstellung von Broschüren, Handbüchern, Berichten und anderen Dokumenten aus. D.h., die Herstellung von Dokumenten ist in vielen Unternehmen defacto die zweite Unternehmensaufgabe, ohne daß dies aufgrund der häufig anzutreffenden Zersplitterung der damit zusammenhängenden Aktivitäten immer so erkannt wird.

2. Die Ansprüche an die Qualität der Informationsdarstellung und die Wirtschaftlichkeit der Informationsaufbereitung werden wegen der immer größer werdenen Abhängigkeit von einem reibungslosen Informationsaustausch bei wachsender Informationsmenge ständig höher. Dies bedeutet den verstärkten Einsatz von Grafiken, Bildern und von typographischen Schriften im Zusammenhang mit hoher Druckqualität.

3. Viele Ausgangsinformationen, wie Unternehmens- und Produktdaten, Texte, technische Zeichnungen, Grafiken, Bilder, sind bereits in Datenbanken gespeichert und können somit ohne nochmalige Erfassung direkt in Dokumente eingefügt werden.

4. Die zunehmende Verfügbarkeit von preisgünstiger Computerleistung und Speicherkapazität, die wachsende Anzahl von Datenstationen oder Computern am Arbeitsplatz sowie die mögliche Vernetzung der Systeme begünstigen eine Entwicklung, bei der die geistigen Urheber von Informationen diese weitgehend ohne die bisher üblichen Umwege direkt zu aussagefähigen Dokumenten verarbeiten.

Mit CAP wird der Weg von der Idee zum Druck kürzer und billiger. Dies erklärt das große Interesse des Marktes an dieser Anwendung.

Wer braucht CAP ?

1.   Professionelle Verlage, Setzereien und Druckereien

Den Volumenmarkt der textintensiven Zeitungs-, Zeitschriften- und Buch-
produktionen wollen wir in diesem Zusammenhang nicht näher betrachten. Hier
hat sich sowohl im Satzbereich als auch im Bereich der Bildverarbeitung die
Elektronik bereits weitgehend durchgesetzt. Hohe Investitionen in moderne und
auf die jeweilige Aufgabe hin hochspezialisierte Maschinen rationalisieren den
personalintensiven Produktionsprozeß. Die Anforderungen an typografische
Vielfalt und Qualität sind sehr hoch. Im umsatzstarken Bereich der Geschäfts- und
Werbedrucksachen werden Dienstleistungen für Unternehmen aller Art erbracht.
Hierzu gehört die Produktion von Broschüren, Katalogen, Handbüchern,
Prospekten, Datenblättern, Formularen und vieles andere mehr. Die Daten, die
hier publiziert werden, befinden sich zum großen Teil bereits in den Datenbanken
und Informationssystemen der Auftraggeber. Aus diesen Gründen und wegen der
relativ hohen Kosten sowie der zum Teil zeitaufwendigen Abstimmungen im
Herstellungsprozeß wird sich voraussichtlich ein Teil dieses Produktionsvolumens
in die auftraggebenden Unternehmen zurückverlagern.

Zu der wichtigsten Zielgruppe für Publikationssysteme gehören die

2.   Unternehmen

aller Art, die Produktbeschreibungen, Teile-Kataloge, Wartungshandbücher,
Angebote, Berichte aller Art, Schulungsunterlagen, Rundschreiben, Formulare
und andere Dokumente herstellen und an einer wirksamen Darstellung der in
diesen Dokumenten enthaltenen Informationen interessiert sind. In diesem Markt
werden überwiegend Systeme mittlerer bis hoher Leistungsfähigkeit und einem
breiten Funktionsspektrum eingesetzt, die nur bedingt Spezialkenntnisse bei dem
Endbenutzer voraussetzen.

Ein wichtiger Gesichtspunkt ist hier die Integrierbarkeit in bestehende Arbeits-
prozesse. So fordert beispielsweise der wachsende CAD/CAE-Markt eine Ergänzung durch CAP-Systeme geradezu heraus. Die Herstellung von Katalogen mit in
Datenbanken verfügbaren Produktinformationen ist ein weiteres Beispiel.

3.   Autoren

Darüber hinaus bieten verschiedene Hersteller besonders für kleine Unternehmen
und Einzelpersonen sogenannte Desktop Publishing Systeme an. Hierbei handelt
es sich häufig um stand-alone Systeme, die aus einem PC, einem Laserdrucker und
einem Scanner zur Integration von Strichzeichnungen bestehen.

Bei größeren Datenmengen, extensiver Verwendung von Grafik und bei der Integration von Bildern werden jedoch die Grenzen derartiger Systeme schnell sichtbar. Hier ist die Einbindung in ein schnelles und leistungsfähiges Informations-
system - zentral oder auf Abteilungsebene - unverzichtbar.

CAP — Von der Idee zum Druck
Wer braucht CAP?

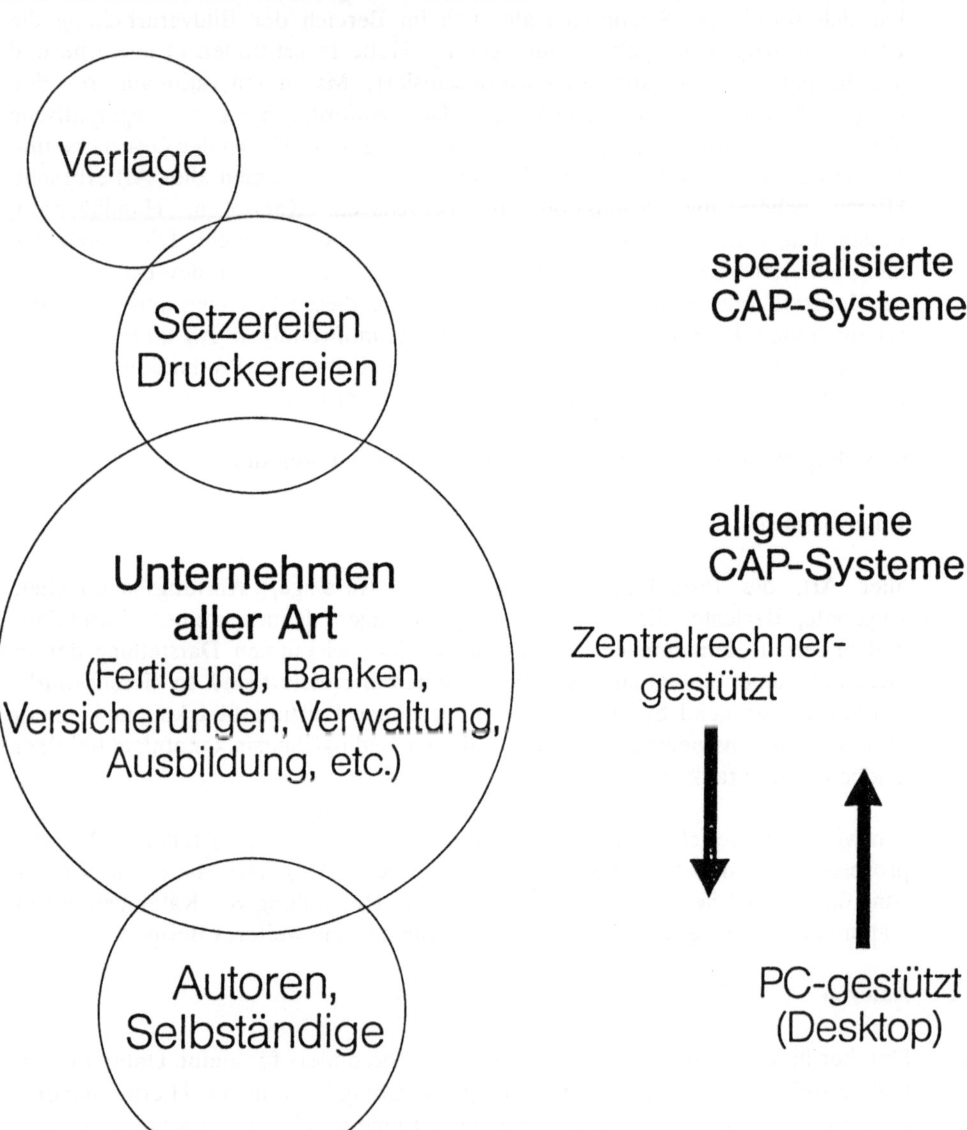

CAP Anwendungsbeispiele

Nachfolgend eine Auswahl von Anwendungsbeispielen aus verschiedenen Branchen und der öffentlichen Verwaltung:

Industrie

Wartungs- und Bedienungs-Handbücher sind ein wichtiger Bestandteil bei der Lieferung von Maschinen und Anlagen. Sie müssen für den Benutzer übersichtlich und klar verständlich gestaltet sein und enthalten deshalb in der Regel viele Zeichnungen und Fotos. Das trifft auch zu für Produktbeschreibungen und Teilekataloge. Mehrsprachige Angebote und rasche Folge von Änderungen bei Texten und zugehörigen Zeichnungen sind weitere Anforderungen.

Verwaltung

Gesetzesvorlagen, Verfahrensanweisungen und Formulare sollen möglichst einheitlich gestaltet sein, um den gesetzlichen Vorschriften zu genügen. Im gesetzgeberischen Bereich und seinen Vorstufen werden auf Gemeinde-, Landes und Bundesebene eine große Menge von Dokumenten erstellt, bei denen umfangreiche Texte durch statistische Darstellung in vielen Varianten ergänzt werden.

Transport und Verkehr

Gut gestaltete Schulungsunterlagen und Wartungspläne sind für die Mitarbeiter von Verkehrsbetrieben unerläßlich.

Versicherungen

Versicherungsbedingungen und Werbematerial sollen trotz ihrer Vielseitigkeit bestimmten Firmenstandards nach außen repräsentieren. Seitengestaltung und Schriftenauswahl beeinflussen die Qualität des Dokuments und damit die optimale Informationsweitergabe an den Leser.

Handel

Kataloge, Formulare und Werbematerial verlangen nicht nur eine klare Sprache sondern müssen für meist sehr unterschiedliche Benutzer auch übersichtlich gestaltet sein.

IBM interne Publikationen

Ein gutes Beispiel für interne und externe Unternehmenskommunikation mit Hilfe von computerunterstützten Publikationssystemen ist IBM selbst.

Bei etwa 300.000 Mitarbeitern weltweit sind 1.700 direkt mit der Erstellung von Handbüchern, technischen Unterlagen, Dokumentationen und Marketingmaterial befaßt.

Soweit es sich um größere Publikationen handelt, werden sie auf einem Zentralrechner erstellt. Für die Texteingabe werden XEDIT und unterschiedliche PC Editoren verwendet. Während der gesamten Erstellung setzen wir im wesentlichen alle Produkte der

CAP – Von der Idee zum Druck

Einfache und komplexe Publikationssysteme

Der Arbeitsplatzrechner
(Personal Publishing)

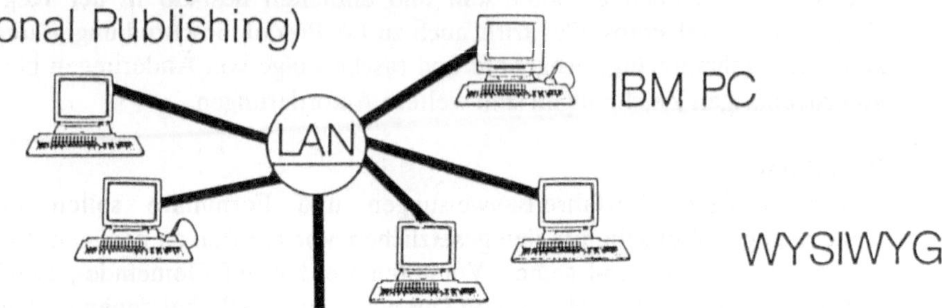

Der Abteilungsrechner
(Dediziertes Publikationssystem)

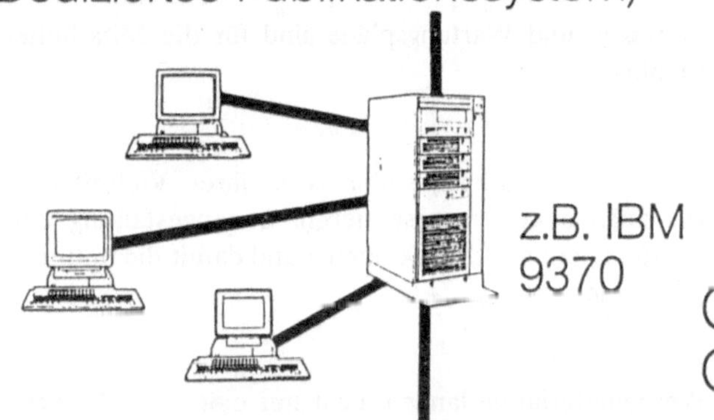

Der übergeordnete Zentralrechner

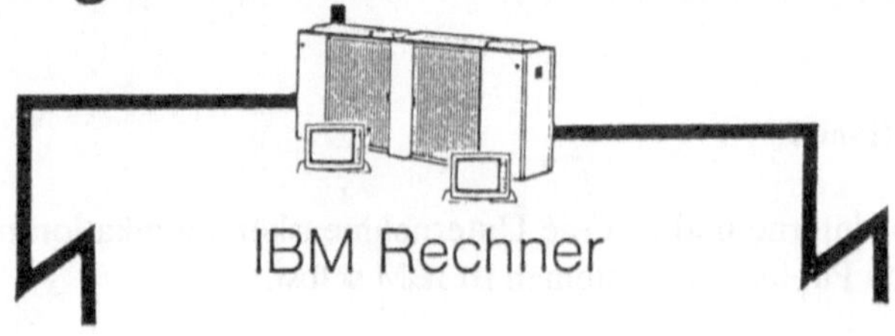

Master Serie ein (Book Master, Process Master, Draw Master und Browse Master), weil sie sehr schnell auch von ungeübten, neuen Mitarbeitern erlernt und für das elektronische Publizieren verwendet werden können. Diese Softwareprodukte werden im weiteren noch genauer beschrieben. Die Ausgabe erfolgt auf LASER-Druckern IBM 3800, 3820 oder 3812 oder auf dem Elektro-Composer IBM 4250. Auf dieser Maschine werden Druckvorlagen mit Fotosatzqualität ausgegeben, auf Wunsch gleich als Negativfolie für die Herstellung von Offset-Druckplatten.

Auf diese Weise werden jährlich ca. 1 Million reprofähiger Druckvorlagen erstellt.

Durch den konsequenten Einsatz des elektronischen Publizierens treten frühere Erschwernisse wie Änderungen in letzter Minute oder häufige Neuauflagen mit jeweils kleineren Änderungen nicht mehr als solche in Erscheinung. Auch die Durchlaufzeit eines Dokumentes durch verschiedene Abteilungen bis zur endgültigen Fertigstellung ist auf einen Bruchteil des früheren Wertes geschrumpft. Insgesamt wird durch den Einsatz der Hardware und Software für elektronisches Publizieren eine bessere Kontrolle des Gesamtprozesses erreicht. Ein nicht unwesentlicher Punkt ist dabei auch die Steigerung der Produktivität, die im IBM Bereich bei fast 100 % liegt (von 800 Seiten auf 1.500 Seiten pro Mitarbeiter).

Je nach Art und Umfang der Dokumente werden in der Wirtschaft unterschiedliche Systeme eingesetzt. Die Komplexität, z. B. die Einfügung von Grafiken und Fotos in den Text oder die Notwendigkeit des Zugriffs zu großen Datenbanken, beeinflussen die Entscheidung für ein einfaches oder ein komplexes System.

Einfache und komplexe Publikationssysteme

Beim computerunterstützten Publizieren unterscheiden wir heute drei Systemebenen:

- der Arbeitsplatzrechner (Personal Publishing/Desktop Publishing),
- der Abteilungsrechner (Dediziertes Publikationssystem),
- der übergeordnete Zentralrechner.

Diese Ebenen sind unabhängig voneinander. Gleichzeitig ergeben alle drei jedoch eine sinnvolle Hierarchie in einem Gesamtsystem.

Arbeitsablauf beim Personal Publishing /Desktop Publishing

Desktop Publishing unterscheidet sich vom traditionellen Arbeitsablauf der Publikationserstellung dadurch, daß die meisten der arbeitsintensiven Produktionsschritte durch PC-Funktionen, die eine elektronische Seitengestaltung ermöglichen, ersetzt werden, d.h., Text, Grafik und Bilder werden im System zu einer Seite montiert.

Die so erstellten Seiten können auf Seitendruckern als kamerafertige Vorlagen für die Reproduktion ausgedruckt werden.

Komponenten eines Personal Publishing Systems

Die zentralen Komponenten eines typischen IBM Desktop Publishing Systems sind:

- Ein IBM Personal System/2 oder ein IBM PC XT286 oder AT,
- ein hochauflösender Bildschirm und Maus,
- ein PostScript-fähiger Seitendrucker.

Die Software eines solchen Systems besteht in der Regel aus

- einer Benutzeroberfläche,
- der Seitengestaltungs-Software,
- der Seitenbeschreibungs-Software und
- dem Betriebssystem.

Ein solches System wird durch eine oder mehrere der folgenden Komponenten ergänzt:

- ein leistungsfähiges Textverarbeitungsprogramm,
- Mal- und Zeichenprogrammen sowie
- einem Scanner und zugehöriger Steuerungs-Software.

Der auf dem PS/2 basierende Arbeitsplatzrechner gibt einem Autor die völlige
Kontrolle über seine Anwendungen. Eingabe, Veränderung, Ausgabe - alles verläuft im
WYSIWYG (steht für "What you see is what you get"), die Flexibilität ist fast
unbegrenzt. Mehrere einzelne Arbeitsplatzrechner können aber auch in einem LAN zu
einer Arbeitsgruppe zusammengeschlossen werden. Das erhöht die Leistungsfähigkeit,
ohne die Vorteile der einzelnen Arbeitsgruppe einzuschränken.

Sowohl die über ein LAN zusammengeschlossenen Einzelstationen als auch eine
Gruppe von Terminals, die z.B. mit einem System IBM 9370 verbunden sind, kann man
als *dediziertes Publikationssystem* (Abteilungsrechner) bezeichnen. Kennzeichen eines
solchen Systems sind u.a. die gemeinsame Erstellung und Verwaltung von Quellen-
material (Texten, Zeichnungen und Bildern). Redaktionelle Kontrolle und Entscheidung über Gestaltungsfragen erfolgen innerhalb dieser Publikationsabteilung in der
Regel unabhängig vom Autor.

Die Ebene des *Zentralrechners* schließlich ist vor allem als Vermittlungsstelle für den
Zugriff zu *gemeinsamen Datenbanken* und für die *Kommunikationssteuerung* mit anderen
Rechnern notwendig. Hier werden nicht nur große, komplexe Dokumente zusammen-
gefügt und archiviert, sondern auch über Netzwerke an entfernte Systeme verteilt.

Arbeitsplatzrechner, Abteilungsrechner und Zentralrechner müssen in der unter-
nehmensweiten Kommunikation zusammenarbeiten. Computerunterstütztes Publizieren
ist Teil dieser Unternehmenskommunikation, die viele einzelne Benutzer über
entsprechende Netzwerke miteinander verbindet.

Das Produktangebot

IBM ProcessMaster VM/370

ProcessMaster stellt eine Anzahl von benutzerführenden Menüs zur Verfügung, die einen einfachen Zugriff zu Publikationsfunktionen, einem Bibliotheksmanagement und Einrichtungen für die Systemverwaltung geben. ProcessMaster verbessert die Benutzerproduktivität, ermöglicht gemeinsame Benutzung von Datenbanken und stellt Sicherungsmöglichkeiten für Dokumente, die von mehreren Autoren erzeugt wurden, zur Verfügung.

IBM BookMaster VM/370

BookMaster ist eine Text-Markierungssprache. Sie vereinfacht die Entwicklung von Publikationen jeglicher Art. BookMaster wird von der IBM für die Erstellung ihrer eigenen Publikationen benutzt. Die Sprache besteht aus ca. 200 Markierungsbefehlen mit Versionskontrolle und erlaubt, mehrere Dokumente aus einer gemeinsamen Grundinformation, zu erstellen. BookMaster stellt etwa 600 modifizierbare Layout-Parameter (named styles) zum Erstellen von Dokumentformaten zur Verfügung.

IBM BrowseMaster VM/370

BrowseMaster liefert eine "preview capability" die es erlaubt, zusammengesetzte Dokumente an Ihrem Arbeitsplatzbildschirm vor dem Ausdruck anzusehen. Es enthält auch eine Anzahl von Einrichtungen zum Verändern grafischer Datenformate zur Einbindung in zusammengesetzte Dokumente.

IBM DrawMaster VM/370

DrawMaster ist im Rahmen des IBM Publishing System/370 ein wichtiger Baustein für die Herstellung von Illustrationen. DrawMaster unterstützt sowohl den Entwurf als auch die Modifikation bestehender Strichzeichnungen. Zur Arbeitsvereinfachung wird mit DrawMaster eine umfangreiche Bibliothek aus Zeichnungsteilen mitgeliefert, die als Basis für eigene Illustrationen dienen können. Die Illustrationen können auf allen APA Druckern oder auf Plottern ausgegeben werden.

Image Handling Facility (IHF)

IHF Version 2 wurde speziell für die Bearbeitung von Bilddaten (NCI) für den Anwendungsbereich computerunterstütztes Publizieren entwickelt. Neben Strichzeichnungen und Grautonbildern (Fotos) unterstützt IHF V2 nun auch Farbfotos. Die Wiedergabequalität von Fotos kann durch den Einsatz eines elektronischen Filters und einer neuen Rastertechnik weiter verbessert werden. Bestimmte Eigenschaften und Limitierungen bei Bildabtastgeräten und Druckern erfordern bei Fotografien mitunter eine Kompensierung der Graustufen (Grauton-Kalibrierung). Als Bildabtastgeräte können sowohl die IBM 3117/18 als auch OEM Geräte benutzt werden. Das nachträgliche Beschriften von Bilddaten kann mit Vektor- oder mit typografischen Schriften erfolgen.

Unser Weg

Um .die optimale Integration des computerunterstützten Publizierens in die Unternehmenskommunikation zu gewährleisten, wurden drei Basiskonzepte definiert:

- die bevorzugte Systemumgebung,
- die Integration der Publikationssysteme,
- einheitliche Spezifikationen für Publikationssysteme.

Bei jeder Systemlösung, sei es beim Arbeitsplatz-, Abteilungs- oder Zentralrechner, gibt
es hinsichtlich der optimalen Software-Komponenten eine bevorzugte Systemumgebung.
Die Komponenten können z.B. enthalten: das Operating System, Kommunkations- und
System-Verbindungs-Software, Datenbank-Software, Fotosatz- und Drucker-Software,
Bildschirm- und Datenbank-Software sowie Graphik und Image-Software. Elemente der
bevorzugten Systemumgebung in den drei Ebenen sind z.B. die von IBM als strategische
Produkte definierten Operating Systeme VM und MVS bei HOST-Rechnern. Für die
Drucker-Unterstützung werden AFP (Advanced Funktion Printing) und PostScript
unterstützt.

Im gegenwärtigen Markt für Publikationssysteme werden die Arbeitsplatz-, Abteilungs-
und Zentralrechner-Ebene noch als getrennt angesehen. Wie wir bereits gesehen haben,
wird diese Sicht der Entwicklung der Praxis nicht gerecht. Die Integration aller drei
Ebenen wird in Zukunft die Regel sein. Darum hat IBM die *Integration der Publikationssysteme* auf drei Hauptgebieten vorgesehen:

- einheitliche Benutzer-Oberfläche,
- durchgängige Aufbereitungsfunktionen vom Arbeitsplatzrechner zum HOST und
  umgekehrt,
- Möglichkeit des Datentransfers mit veränderbaren und nicht veränderbaren
  Informationen.

Außerdem stellt IBM *Systemspezifikationen* zur Verfügung, um anderen Herstellern,
Software-Häusern und Kunden die Kommunikation mit unserer Hardware und Software
zu erleichtern.

Schwerpunkte

SGML und PageMaker/Interleaf

Im Bereich des Personal Publishing mit PS/2 werden die Produkte PageMaker und
Interleaf eingesetzt. Die Unterstützung der Standard Generalized Markup Language
(SGML) ist wegen der wichtigen Verbindung zu anderen Systemen mit verschiedener
Ein- und Ausgabe-Einheiten unterschiedlicher Hersteller von besonderer strategischer
Bedeutung.

AFP und PostScript

Um die Welt der Zentralrechner und die Welt der Arbeitsplatzrechner noch besser zu integrieren, ist geplant, daß Dokumente wahlweise auf dem einen System eingegeben und formatiert und auf dem anderen System gedruckt werden können. So wird z.B. ein mit der Advanced Function Printer (AFP)-Software auf dem HOST erstellter Preiskatalog auf einem entfernt stehenden PC mit angeschlossenem Laserdrucker oder Fotosatzsystem ausgegeben werden können. Ebenso ist es möglich, eine auf dem PS/2 und mit PostScript erstellte Bedienungsanweisung so umzuwandeln, daß sie über den Zentralrechner und seine angeschlossenen Ausgabe-Einheiten gedruckt werden kann.

Typographische Schriften

Je mehr typographisch gestaltete Schriften auf den verschiedenen Systemen verwendet werden, umso wichtiger ist eine einheitliche Schriften-Strategie. IBM hat das Ziel, für alle Systeme (PC, Abteilungs- und Zentralrechner) einen einheitlichen Schriftenkatalog zu etablieren. Das umfaßt sowohl die Bezeichnung, die Schriftgrößenangaben und die möglichst hohe Identität gleicher Schriftschnitte auf unterschiedlichen Ausgabeeinheiten. Gerade für Dokumente, die ein einheitliches Firmen-Image nach außen beim Kunden repräsentieren, ist diese Strategie von besonderer Bedeutung.

Ein gesamtbetriebliches Publikationssystem, das nicht aus Insellösungen bestehen soll, benötigt außer den schon genannten Software- und Hardware-Komponenten sowie einem entsprechenden Netzwerk auch eine einheitliche Anwendungs-Architektur.

Hier heißt die Antwort der IBM:

SAA

SAA steht für System-Anwendungs-Architektur und ermöglicht die Entwicklung und Implementierung einheitlicher Anwendungsprogramme auf den Harwarearchitekturen IBM System /370, Systeme /3X und 9370 sowie den Personal Systemen und Personal Computern. Die Beschreibung der Softwareschnittstellen, Konventionen und Protokolle ermöglicht die Konsistenz der Anwendungen auf allen Systemen dieser drei Hardware-architekturen. SAA bildet die Grundlage für eine erfolgreiche langfristige Planung und setzt sich aus drei Komponenten zusammen:

Einheitliche Benutzerunterstützung

- Bildschirmgestaltung,
- Menüstruktur,
- Auswahltechniken,
- Tastaturanordnung und -funktionen,
- Bildschirmauswahl.

Einheitliche Anwendungsunterstützung

- Schnittstellenbeschreibung in der SAA Umgebung.

Einheitliche Kommunikationsunterstützung

- ermöglicht innerhalb eines Netzes den Umgang mit allen Daten, Programmen und
  Dialogstationen für alle nach SAA-Regeln geschriebenen Anwendungen.

Der Verzicht auf eine integrierte Gesamtlösung bringt mit seinen Insellösungen zahlreiche Probleme mit sich. Unternehmen haben nur bei einer einheitlichen Gesamtlösung die Sicherheit, daß ihre heutige Entscheidung auch morgen noch richtig ist, sie
also in Hardware und Software beliebig wachsen können, ohne Gefahr zu laufen, die
Architektur oder die Anwendungen ändern zu müssen.

Nutzen durch CAP

Jedes Unternehmen gibt irgendwelche Informationen in Form von bedrucktem Papier
heraus. Häufig hängt der Erfolg des Unternehmens oder von Unternehmensteilen
mit davon ab, daß diese Informationen wirksam dargestellt und zur richtigen Zeit
verfügbar sind. Die Unternehmen geben hierfür viel Geld aus.

CAP kann Kosten senken

Eine doppelte Testerfassung, wie sie typisch war beim klassichen Prozeß, entfällt. Direkt
werden Texte am System von den zuständigen Fachleuten/Autoren erfaßt und
korrigiert.

Grafiken werden, soweit nicht bereits im System verfügbar, direkt am Bildschirm
entwickelt und automatisch in druckfähige Form umgesetzt. Damit lassen sich die
Kosten für Entwicklung dieser Grafiken senken. Kosten für die druckfertige Aufbereitung entfallen.

IBM-Produkte erlauben, Unternehmens-Standards für das Layout von Dokumenten
dem System in Form von Makros oder Tabellen vorzugeben. Die abschließende
Kontrolle des gestalteten Dokuments am Bildschirm ermöglicht eine schnelle und
gezielte Änderung des Layouts. Damit können die Kosten für Definition und Realisierung des Layouts wesentlich gesenkt werden.

Die breite Palette von IBM-Ausgabegeräten erlaubt die Wahl des unter den Gesichtspunkten der Ausgabequalität, der benötigte Auflage und des Termins sinnvollsten und
wirtschaftlichsten Ausgabeverfahrens. Auch damit lassen sich Kosten sparen.

Eine amerikanische Untersuchung weist hier Einsparungsmöglichkeiten von ca. 30 %
nach (Quelle: Buyers Guide to CAP-Systems).

Die Unternehmen bedienen sich bei der Herstellung von Publikationen häufig externer
Partner. Neben den Kosten verursacht dies in der Regel unerwünschte Zeitverluste
durch Datentransfer und Layout-Abstimmung.

Hier kann CAP unter folgenden Gesichtspunkten helfen:

CAP macht Informationen schneller verfügbar

Verfügbare Daten werden direkt genutzt. Neue Daten werden einmalig und direkt durch den Anwender eingegeben. Mehrfacherfassung durch externe Partner entfällt.

Die Gestaltung und - soweit gewünscht - der Druck der Dokumente erfolgt am Arbeitsplatz des Anwenders.

Durch ein im Haus verfügbares CAP-System läßt sich damit der Herstellungsprozeß für Dokumente wesentlich straffen. Dadurch kann die Herstellungszeit von Dokumenten wesentlich verkürzt und deren Aktualität verbessert werden.

Eine in unserem Auftrag durchgeführte Marktstudie zeigt, daß gerade dieser Gesichtspunkt bei den Entscheidungsträgern an erster Stelle der Entscheidungskriterien für ein CAP-System steht.

CAP verbessert den Informationsaustausch

Die Verwendung von Grafiken, Bildern und attraktiven typografischen Schriften in gut aufgebauten Dokumentationen macht Informationen leichter lesbar, besser verständlich. Diese Elemente helfen, die Aufnahmebereitschaft des Informationsempfängers zu wecken und unterstreichen die Professionalität des Absenders der Information. Sie leisten damit einen wichtigen Beitrag zur Verbesserung der Qualität des Informationsaustausches.

Trends

IBM hat die Geschäftsmöglichkeiten in diesem Anwendungsbereich erkannt und wird diese aktiv nutzen. In Konsequenz dieser Entscheidung wurde im vergangenen Jahr ein spezieller Geschäftsbereich gegründet, der die weltweite Verantwortung für die Produktentwicklung in diesem Bereich hat.

Neben der Entwicklung von Einzelprodukten ist das Ziel, paketierte Lösungen anzubieten. Damit soll die Zeit von der Auslieferung der Produkte bis zur Nutzung durch den Anwender drastisch verkürzt und die Unterstützung des Anwenders in der Lernphase und bei der Bewältigung von Problemen verbessert werden

CAP Lösungen werden sowohl auf Systemen der /370-Architektur als auch auf dem PC basierend angeboten. Einerseits werden dabei Anwendungsfunktionen in die HOST-abhängigen Datenstationen wandern, andererseits ist wegen der gewünschten Nutzung vorhandener Daten auch auf PC-Ebene die Einbindung der PCs in bestehende Informationssysteme erforderlich. Die angekündigte System-Anwendungs-Architektur definiert auch den für diese Anwendung gültigen Rahmen.

Zukünftige Publikationssysteme werden bei der Dokumentationsgestaltung sowohl auf die direkte Gestaltung am Bildschirm als auch auf die Gestaltung mit Hilfe von Autorensprachen zurückgreifen. Letztere Methode wird durch die Anzeige gestalteter Seiten am Bildschirm oder durch Probedruck am Arbeitsplatz unterstützt.

Eine wichtige Rolle werden zukünftig standardisierte Seitenbeschreibungssprachen, wie z.B. PostScript, spielen. Derartige Sprachen ermöglichen die Ausgabe von Dokumenten auf allen Einheiten, die mit dieser Sprache angesteuert werden können. So ist es z.B. möglich, das gleiche Dokument sowohl auf einem Laserdrucker als auch auf einer hochwertigen Lichtsetzmaschine zu produzieren.

Damit eröffnen sich die Publikationssysteme den Zugang zu professionellen Satztechniken, die bislang nur darauf spezialisierten Betrieben zugänglich waren.

IBM betrachtet PostScript als die Seitenbeschreibungssprache, die neben vorhandenen internen Architekturen bei der Weiterentwicklung unserer Publikationssystemen eine entscheidende Rolle spielen wird.

Zusammenfassung

Neue Technologien und Werkzeuge können die innerbetriebliche Herstellung von Firmenpublikationen und gedruckten Texten aller Art wesentlich erleichtern und beschleunigen. Bei reduzierten Kosten können jetzt Grafiken, Fotos und professionelle Schriften in Druckschriften verwendet werden, die vorher nur aus einfachem Text bestanden. Dadurch kann man heute betriebsintern qualitativ einwandfreie Publikationen erstellen, die vorher aus Zeit- oder Kostengründen entweder gar nicht oder nur auf viel niedrigerem Niveau produziert wurden. Durch diese Qualitätsverbesserung und die Vereinheitlichung von Formaten und Schriften innerhalb des internen Publikationsprozesses wird auch das Firmen-Image nach außen stark aufgewertet. Indem IBM eine breite Palette von Systemlösungen anbietet, vom Arbeitsplatzrechner über den Abteilungsrechner bis zum Zentralrechner mit der dazugehörigen Anwendungs-Software und den verbindenden Netzwerk-Architekturen, können für jeden Bedarf unterschiedliche Anwendungs-Pakete angeboten werden. Dabei ist die Größe des Betriebes oder der zu lösenden Aufgabe unerheblich.

Wichtig ist vor allem, daß das computerunterstützte Publizieren in den betrieblichen Kommunikationsprozeß eingegliedert wird und keine weiteren Insellösungen entstehen. Der Zugriff vieler Benutzer zu Informationen, die nur einmal im Unternehmen gespeichert sind, sowie die unterschiedliche Aufbereitung und Verwendung dieser Informationen, sind Kriterien einer zukunftsorientierten Unternehmenskommunikation. Sie sind auch Basis der IBM Strategie für das computerunterstützte Publizieren.

Der professionelle Einsatz von Desktop Publishing in Großunternehmen

Bernd Flurer, Hamburg

1   Einführung

1.1   Die Historie

Dedizierte Systeme waren der Beginn

Am Anfang gab es spezielle Systeme, die extra für die Aufgaben des Publishing entwickelt worden waren. Sie waren teuer und konnten nur für diese eine Aufgabenstellung eingesetzt werden. Weil sie in verhältnismäßig geringen Stückzahlen produziert wurden, war es für unabhängige Software-Entwickler nicht interessant, die bereits vorhandene Software an diese Systeme anzupassen.

1985 wurde Desktop Publishing als Begriff von Aldus geprägt.

Der Präsident von Aldus Corp. kam vom Hardware-Hersteller Atex, der dedizierte Systeme für die Satzerstellung produzierte. Brainerd erkannte die Möglichkeiten, die durch die Personal Computer für seinen Markt geboten wurden. Er prägte daraufhin den Begriff Desktop Publishing und brachte damit eine gewaltige Lawine ins Rollen. In enger Zusammenarbeit mit Apple und anderen Software-Herstellern gelang es, innerhalb kürzester Zeit eine breite Zielgruppe zu erreichen.

Apple als Pionier im DTP

Durch seine freundliche Benutzeroberfläche bot der Macintosh von Apple Computer eine ideale Voraussetzung für die Pläne von Paul Brainerd. Der LaserWriter, der leistungsfähigste Computer, den Apple bis dahin gebaut hatte und dessen Produktion fast wieder eingestellt werden sollte, weil man keine rechten Einsatzmöglichkeiten sah, war ein wichtiges Element in dieser Planung. Man kam zu einer engen Zusammenarbeit zwischen Apple, Adobe und Aldus, den drei großen A's und entwickelte einen neuen Markt, der für alle drei Firmen einen großen Erfolg brachte. Die Aktienkurse sprechen eine mehr als deutliche Sprache.

1986 kommt MS-DOS für DTP ins Gespräch

Es dauerte mehr als ein Jahr, bevor die IBM-kompatiblen Rechner für den Markt des DTP interessant wurden. Aber sie brachten mit ihrem enormen Marktpotential auch

den Durchbruch für dieses neue Gebiet. Plötzlich sprach alle Welt von Desktop
Publishing. Paul Brainerd's treffende Wortschöpfung hatte Furore gemacht.

1.2   Hintergrund

Kosten für Publikationen und Personalkosten

Die Kosten für die Erstellung von Publikationen stellen hinter den sehr hohen Personalkosten im Unternehmen einen sehr wichtigen Faktor dar. Deshalb hat man schon seit
langem versucht, diese Kosten durch den Einsatz moderner Technologien zu reduzieren.
Erst durch die neuesten Entwicklungen im PC-Markt wurde es möglich, günstige Lösungen zu wirklich erschwinglichen Preisen einer breiten Anwenderschicht zugänglich zu
machen.

Textverarbeitung und Fotosatz

Zu Beginn der elektronischen Verarbeitung von Texten haben die Anbieter versucht,
die mit der Textverarbeitung erstellten Texte in das Format der dedizierten Fotosatzsysteme zu übertragen, indem man Filter und Übertragungsprogramme schuf, die
damals einen großen Fortschritt, aber keinen wirklichen Durchbruch brachten. Da es
erforderlich war, für bestimmte Formatangaben wie Schriftart, Schriftgröße und
ähnliches mit schwer merkbaren Steuerzeichen zu arbeiten, war die Zeitersparnis bei
der Übertragung durch die nötigen Vorarbeiten teilweise wieder aufgehoben.

Interne und externe Verarbeitung

Viele Firmen gingen im Laufe der Jahre dazu über, die anfallenden Fotosatzarbeiten
nach außen zu vergeben, da die erforderlichen Geräte sehr hohe Kosten verursachten.
Außerdem waren für die Codierungen besonders geschulte Mitarbeiter erforderlich.
Durch die hohe Flexibilität der Satzgeräte gingen immer mehr Arbeiten der Grafiker
und Layouter an die externen Satzbetriebe über. Durch diese Arbeitsteilung zwischen
internen und externen Ressourcen kommt es meistens zu enormen Zeitproblemen. Hier
kommen die Vorteile des DTP stark zu Tragen.

Immer mehr Papier im Unternehmen

Entgegen allen Voraussetzungen, daß die Büroautomation die Papiermenge im Unternehmen reduziert, wird der Berg immer höher. Ständig neue Produkte oder Produkt-
variationen verlangen entsprechendes Material, um die Benutzer zu informieren. Hier
gilt auf jeden Fall die Aussage eines russischen Wissenschaftlers: The most critical
Pollution today ist the Brain Pollution.

1.3 Der zukünftige Markt des DTP

Das Interesse der Hardware-Hersteller

Alle bedeutenden Hardware-Hersteller haben frühzeitig erkannt, daß ihr Wettbewerber Apple im Bereich DTP sehr erfolgreich war. Daher versuchte man, schnell den verlorenen Boden zurückzugewinnen. Für die Software-Hersteller war der wesentlich größere Markt des MS-DOS eine Sicherheit, mit guten Programmen mehr Geld zu verdienen als beim Apple Macintosh. Als die MS-DOS PC's leistungsfähiger wurden, stürzte man sich sofort auf dieses Gebiet. Es entstanden weit mehr Produkte als für den MAC, in wesentlich kürzerer Zeit. Inzwischen sind bereits viele wieder verschwunden. Und das in weniger als 2 Jahren. Denn DTP ist nicht älter als 2 Jahre!

Das Interesse der Software-Hersteller

Im Gegensatz zu den dedizierten Systemen, die nur in kleinen Stückzahlen am Markt vertreten waren, bot der MS-DOS-Markt gewaltige Wachstumsmöglichkeiten. Durch das Interesse der Hardware-Hersteller angekurbelt, machte man sich an die Arbeit, um möglichst schnell sehr viele Produkte zu vermarkten.

Weltweit 300.000 Desktop Publishing-Systeme verkauft

Man rechnet heute mit ca. 300.000 verkauften DTP-Produkten. Die Möglichkeiten des Marktes sind aber weitaus höher. In fast jedem Unternehmen werden irgendwelche Unterlagen erstellt, die man mit DTP günstiger produzieren kann.

Maximal 5% des potentiellen DTP-Marktes bisher erreicht

Aus Untersuchungen im internationalen Markt hat sich ergeben, daß die potentiellen Nutzer für DTP erst zu einem ganz geringen Maß erreicht wurde. In Deutschland vermutet man, daß höchstens eine Quote von 2% der möglichen Anwender bisher mit Desktop Publishing arbeiten und kaum mehr potentielle Käufer über den vollen Leistungsumfang informiert sind.

2 Überblick über die Grundbegriffe

Grafische Oberflächen (Bildschirm-Benutzer-Interface)

Die benutzerfreundlichen grafischen Oberflächen waren die Voraussetzung für die Produktion der DTP-Produkte. Sie boten die Möglichkeit, daß sich auch der ungeübtere Benutzer mit der komplexen Erstellung von Dokumenten beschäftigen konnte.

Microsoft Windows
Digital Research GEM
Apple Quickdraw
Display PostScript

WYSIWYG (What you see ist what yout get)

Alle älteren Systeme waren nicht in der Lage, dem Benutzer eine adäquate Benutzer-
führung zu bieten. Daher waren Spezialisten erforderlich, die diese älteren Maschinen
bedienen konnten. Die erforderlichen Fähigkeiten hatten aber mit der Typographie
wenig zu tun. Wir können es vergleichen mit den Anfängen der Automobilindustrie, wo
es erforderlich war, das Auto als technisches Instrument zu verstehen, bevor man damit
fahren konnte.

Die Bildschirmdarstellung entspricht der Ausgabe

Erstmalig durch DTP wurde es möglich, die Ausgabe der jeweiligen Publikation auf dem
Bildschirm in der endgültigen Form zu betrachten und eventuelle Fehler bereits vor
dem Ausdruck zu korrigieren.

Die Schwierigkeiten von WYSIWYG

Durch die unterschiedliche Auflösung des Bildschirms und der Ausgabegeräte ist es
nicht in jedem Fall möglich, eine 100%-ige Übereinstimmung zu erzielen. Man hat aber
versucht, z.B. bei den Laufweiten der Schriften eine volle Übereinstimmung zu erzielen,
was allerdings zu Lasten der Lesbarkeit auf dem Bildschirm gehen kann.

Seitenbeschreibungssprachen (Ausgabe)

Im Gegensatz zur Übertragung von einzelnen Bildpunkten aus dem Computer zum
Ausgabegerät wurde bereits früh versucht, die Übertragung unabhängig vom jeweiligen
Ausgabegerät vorzunehmen. Diese Entwicklung hat nahezu ein Jahrzehnt in Anspruch
genommen und hatte ihren Ursprung im Palo Alto Research Center von Xerox.

PostScript (Adobe) als Standard anerkannt
DDL (Imagen)
Interpress (Interleaf)

Scanformate

Ebenso wie bei der Seitenbeschreibungssprache war man bemüht, die Übertragung von
Bildpunkten aus Eingabegeräten in den Computer zu standardisieren und neben den
Schwarz-Weiß-Informationen auch die Grauwerte zu definieren und sie für den
Computer verständlich zu machen.

TIFF Tag Image File Format
Gray-scale TIFF

Ausstattungsmerkmale (Features)

Nachdem die Entwickler die grundsätzlichen Schwierigkeiten überwunden hatten,
begann man sehr schnell, die außergewöhnlichsten Produktmerkmale in die Software zu

integrieren. Heute kann man bereits von einer Featuritis sprechen, die für den Anwender kaum noch Vorteile bietet, und diesem kaum noch vermittelt werden kann.

Masterpages	Unterschneiden (Kerning)
Style Sheets	Variabler Durchschuß (Leading)
Kontursatz	Kursivieren
Importfunktionen	Texteditor
Encapsulated PostScript	Em-, En- und Thin-Spaces
Versalien	Kapitälchen ...

DTP-Produkte

Neben den 5 bekannten DTP-Produkten für den Apple Macintosh gibt es eine Vielzahl von Produkten für den MS-DOS-Markt. Die meisten dieser Produkte haben allerdings keine sehr große Bedeutung, da es nicht gelingt, sie in angemessener Weise zu vermarkten, oder sie in ihren Leistungsmerkmalen nicht wettbewerbsfähig sind.

5 Produkte für Apple

Aldus PageMaker	Quark Xpress
ReadySetGo	Scoop
Ragtime	

15 Produkte für MS-DOS

Aldus PageMaker	Ventura Publisher
Harward Professional Publisher	Personal Publisher
etc.	

Eingabegeräte

Zusätzlich zur Eingabe von Texten über die Tastatur hat man versucht, auch Bilder in den Computer einzugeben und diese für DTP nutzbar zu machen. Man kann hier unterscheiden zwischen Aufsichtsvorlagen (Bildern) und dreidimensionalen Vorlagen.

Videokamera
Scanner für Bild und OCR

Betriebssysteme

Aldus hatte frühzeitig erkannt, daß das Betriebssystem von Apple mit seiner grafischen Benutzeroberfläche eine ideale Voraussetzung für DTP war. Aber auch andere flexible Betriebssysteme konnten benutzt werden, wenn man auf wesentliche Vorteile verzichtete. Hinzu kamen die neuen Entwicklungen im Benutzerinterface, die ähnliche Dinge boten wie das Apple-Betriebssystem.

MS-DOS und OS/2
Macintosh
Unix
IBM VM

Laserdrucker

Die Laserdrucker der Japaner waren eine entscheidende Entwicklung für den Markt des
DTP. Endlich war es gelungen, dem Computer mit seiner enormen Leistungsvielfalt ein
entsprechendes Ausgabegerät zur Verfügung zu stellen. Als Pionier ist hier sicherlich
HP zu nennen, die die Maschine von Canon veredelten und bis heute mehr als 500.000
Einheiten verkauft haben. Die von HP entwickelte Sprache PCL wurde das Maß aller
Dinge und ist auch heute noch der Standard für die einfache Druckausgabe mit hoher
Laser-Qualität.

PostScript
HP PCL
andere.

Laserbelichter

Dem deutschen Hersteller Linotype ist es gelungen, durch frühzeitige Entscheidung für
PostScript einen ungeheuren Marktvorsprung zu erreichen. Die jüngste Entwicklung mit
der Übernahme durch die Commerzbank und die Umwandlung in eine AG bringt die
Voraussetzung für ein zukünftiges Wachstum.

Linotype 100 (PostScript),
Linotype 300 (PostScript),
Linotype 500 (PostScript),
andere ohne PostScript.

Matrixdrucker

Die Matrixdrucker haben dem PC bei seinem Siegeszug geholfen, weil sie die nötige
Flexibilität in der Druckausgabe brachten, die die PC's benötigten, um erfolgreich zu
sein. Im DTP-Markt spielen sie nur eine untergeordnete Rolle, da ihre Qualität gegenüber dem Laserdrucker für die Erstellung von Druckvorlagen in keinem Fall ausreicht.
Sie eignen sich höchstens für die Erstellung von Kontroll-Ausdrucken.

PostScript-fähige,
andere.

3 Abgrenzung zu verwandten Technologien

Die Entwicklung

Der Fotosatz hat sehr schnell den Markt des vorher verbreiteten Buchdrucks (Bleisatz) übernommen, weil er wesentlich flexibler war als dieser. Der Anwender konnte sich die neue Texhnik zu Nutze machen, wenn auch im Gegensatz zum neuen Bereich des Desktop Publishing in nur bescheidenem Umfang. Die Vorstufe des DTP ist der elektronische Belichter, der allerdings in seinen Grafikmöglichkeiten noch begrenzt ist.

Bisherige Techniken

Herkömmlicher Fotosatz (optomechanisch, optoelektronisch),
Letraset Reibebuchstaben (manuell),
Fotomontage (optisch, mechanisch),
Textverarbeitung (elektronisch).

Einsatzmöglichkeiten

Die Einsatzmöglichkeiten des DTP sind nahezu unbegrenzt. Fast jedes Unternehmen hat irgendetwas zu publizieren und die Flexibilität des DTP ist wesentlich höher als alles Vergleichbare. Man kann beim DTP mit gutem Gewissen von einer horizontalen Lösung sprechen, die über alle Firmen und Bereiche ihre Einsatzmöglichkeiten findet.

Desktop Publishing und Integration

Jörg Grützkau, Berlin

1 Desktop Publishing (DTP) aus dem Blickwinkel der Integration

Der Aspekt der Integration ermöglicht eine vielseitige Beurteilung von Desktop Publishing-Programmen als *Integrationsprogramme* und zeigt Entwicklungstendenzen für diesen wachsenden EDV-Bereich auf. Für die Beurteilung der Leistungsfähigkeit und Bedienerfreundlichkeit von Programmen ist Integration generell ein Stichwort das immer größere Bedeutung gewinnt.

Bevor der Aspekt der Integration vertieft wird, soll der Begriff der Integration im Kontex der Informatik erörtert werden. Hierzu sind drei Definitionen erforderlich, die im einzelnen mit am Markt befindlichen DTP-Programmen erläutert werden.

2 Integration von Daten

1. Definition
Integration ist die Fähigkeit eines Programmes, die Daten von anderen Programmen oder Datenformaten zu importieren.

Eine Voraussetzung für den Einsatz von DTP-Programmen ist, daß die in einem Programm für Textverarbeitung erfaßten Texte mit den in einem Grafikprogramm erstellten Illustrationen zusammen zu einer Publikation gestaltet werden können. Diese Definition gilt nicht nur für DTP-Programme, sondern in immer stärkerem Maße für jedes andere Softwareprodukt. Die Softwareproduzenten können einem Anwender den Umstieg zu einem neuen Produkt nur dann attraktiv gestalten, wenn der Anwender seine bestehenden Daten weiter verwenden kann. Je mehr Datenformate ein Programm verarbeiten kann, desto besser ist dies für die Anwender.

Der Begriff *Datenformat* umfaßt die Beschreibung der Art und Weise, in der Informationen in Form von elektronischen Daten abgespeichert werden. Die große Zahl von eingesetzten Programmen bringt es mit sich, daß annähernd soviele Datenformate im Gebrauch sind, wie Programme existieren. Leider sind die Datenformate in den wenigsten Fällen genormt oder durch einen Industriestandard festgelegt. Aus der Entwicklung der Informatik heraus gibt es grundsätzlich eine Trennung zwischen Textformaten und Grafikformaten. Erst seit zwei Jahren gibt es für den Anwender auch Datenformate, die Text und Grafik in einem Datenformat zusammen ablegen.

2.1   Integration von Text

2.1.1   Formen der Integration von Text

Die Integration von Texten in die Publikation einer DTP-Software kann auf drei Arten
erfolgen. Das DTP-Programm liest die Texte aus dem Datenformat der Textverarbeitung ein und das DTP-Programm speichert sie in einem eigenen Datenformat gemeinsam mit der Publikation ab. Diese Form der Integration hat den Nachteil, daß eine
Kopie des Textes angelegt wird und somit unnötiger Speicherplatz verbraucht wird.
Darüber hinaus kann mit dem TV-Programm keine Änderungen am Text mehr vorgenommen werden. Besonders bei Publikationen mit Ankündigungen für Veranstaltungen,
werden unter Umständen die Beschreibungen der Veranstaltungen mehrmals unter
Berücksichtigung von Aktualisierungen verwendet. Zu diesem Zweck kann der impor-
tierte Text in einer Publikation auch wieder exportiert werden und damit wieder dem
TV-Programm zugänglich gemacht werden. Optimal ist dagegen das Verfahren, bei dem
jeweils nur eine Referenz auf den integrierten Text mit der Publikation gespeichert wird
und die Änderungen, die im DTP-Programm am Text vorgenommen wurden, in den
Originaltext geschrieben werden.

2.1.2   American Standard Code for Information Interchange

Das wichtigste Datenformat für Texte auf Personal Computer und auch für einige Groß-
rechner ist der American Standard Code for Information Interchange (ASCII). Bei
diesem genormten Datenformat können ausschließlich die Zeicheninformationen übertragen bzw. gespeichert werden, und nicht Hinweise auf die Formatierung (z.B. fett,
unterstrichen, Layout) des Textes. Die genormte Version von ASCII, 7-Bit ASCII, hat
allerdings nur einen Zeichenumfang von 128 Zeichen. Dies reicht nicht für Umlaute und
andere nationale Sonderzeichen aus.

Der Zeichenvorrat ist damit für eine DTP-Anwendung völlig unzureichend. Die meisten
Personal Computer arbeiten heute mit einem erweiterten ASCII-Zeichensatz (8-Bit
ASCII). Der Zeichenvorrat wurde dadurch in seinem Umfang verdoppelt. Bedauerli-
cherweise wurde versäumt, den Zeichenvorrat der zusätzlichen 128 Zeichen zu normie-
ren. Es existieren mehrere Versionen des erweiterten ASCII-Zeichensatzes, die durch
den Einsatz verschiedener Hardware und Software bedingt sind.

Neben diesem syntaktischen Unterschied zwischen den Varianten des erweiterten
ASCII-Formats gibt es generell noch semantische Unterschiede. Aus historischen Gründen wird bei einigen ASCII-Formaten jede Zeile durch eine Zeichen für Wagenrücklauf
und ein Zeichen für Zeilenvorschub abgeschlossen, ähnlich dem mechanischen Vorgang
bei einer Schreibmaschine. Da zur Kennzeichnung eines Zeilenendes informationstech-
nisch nur ein Zeichen erforderlich ist, benutzen einige ASCII-Formate nur das Zeichen
für den Zeilenvorschub.

Die meisten Textverarbeitungsprogramme benutzen einen automatischen Zeilen-
umbruch, d.h. sobald eine Zeile kein Platz mehr für das nächste Wort hat, wird es automatisch in die nächste Zeilen geschrieben. Der Anwender benutzt die Taste für eine

neue Zeile dann ausschließlich nur noch als Absatzschaltung. Da auf die gleiche Art der Text gespeichert wird, kann in einem ASCII-Format ein Zeilenvorschub entweder den Beginn einer neuen Zeile oder eines neuen Absatzes kennzeichen.

Aus den semantischen und syntaktischen Unterschieden bei dem Datenformat ASCII ergibt sich für Anwender, daß er über die Eigenheiten der von ihm verwendeten ASCII-Formate informiert sein muß, damit eine sinnvolle Integration der Texte erfolgen kann.

Für die Benutzung des Datenformates ASCII bei dem Einsatz von DTP-Software gibt es für den Anwender trotz der Restriktionen zwei Gründe:

1. Das Datenformat, in dem die Texte von dem verwendeten Textverarbeitungsprogramm abgelegt werden, ist nicht direkt lesbar, aber die Texte können als ASCII-Format abgespeichert werden.

2. Die Textquelle, zum Beispiel ein Datenbank- und Tabellenkalkulationsprogramm, liefert ein ASCII-Format.

Werden Texte dem DTP-Programm über das ASCII-Format zugänglich gemacht, ist zu beachten, daß jegliche Formatierungsinformation verloren geht. Liegen die Texte in einem erweiterten ASCII-Format vor und müssen sie von einer Variante in eine andere erweiterte ASCII-Variante übergeführt werden, so stehen Konvertierungsprogramme, wie z.B. Convert von Microsoft und MacLink von Data VIZ Inc. zur Verfügung.

2.1.3 Datenformate von Textverarbeitungsprogrammen

Die Programme für Desktop Publishing sind in der Lage, die Datenformate der gängigsten TV-Programme zu verarbeiten. Der Anwender hat daher in der Regel keine Schwierigkeiten, seine Texte in die Publikation einzufügen. Allerdings erfolgt bisweilen keine 100%ige Integration der vorbereiteten Texte in das DTP-Programm. Beispiel hierfür sind die fehlende Übernahme von Fußnoten, Kopf- und Fußzeilen, Seitennumerierung und manuell vorgegebene Seitenumbrüche. Zumeist werden die Angaben für z.B. Fettdruck, Unterstreichen, Kursivschrift und Tabulatoren übernommen. Einzelheiten über den Umfang der Integration der Texte in das DTP-Programm sind dem Handbuch des DTP-Programmes zu entnehmen.

2.1.4 Revisable-Form-Text

Ein Schritt zur Standardisierung von Formaten zur Beschreibung von Texten ist das Datenformat Revisable-Form-Text (RFT) im Rahmen des Documente-Architecture-Formates (DCA). Dieses Format ist sowohl auf dem PC als auch auf Großrechnern zu finden. DCA verhindert den Verlust der Formatierungsinformation wie es bei ASCII der Fall ist. Zur Zeit ist die Zahl der Programme, die mit RFT und DCA umgehen können, noch gering (z. B. MS-WORD).

2.2 Integration von Grafiken

2.2.1 Formen der Integration für Grafiken

Die Formen der Integration von Text umfassen neben der Bestimmung des Bildausschnittes und der Maßstabsgröße

- Kopie der Grafik,
- Referenz auf die Grafik,
- ab bestimmter Speichergröße Referenz, sonst Kopie,
- Referenz auf die Grafik und Verändern von Halbtonbildern und Pixelgrafiken.

2.2.2 Integration von Paint und Draw Datenformaten

Die grafisch orientierten Benutzeroberflächen, wie Grafics Enviroment Manager (GEM) von Digital Research, WINDOWS von Microsoft und Macintosh von Apple, haben jeweils Festlegungen über den Aufbau der Datenformate für Paint- und Drawdateien getroffen.

2.2.3 Integration von TIFF-Dateien

Das Tag-Image-File-Format ist ein rechnerunabhängiges Datenformat zur Speicherung von digitalisierten Bildern. Mit TIFF können selbst Grauwerte abgelegt werden. Als Datenformate von TIFF sind drei Varianten in Gebrauch:

- Compressed TIFF,
- uncompressed TIFF und
- Gray Scale TIFF.

Programme zur Bildnachbearbeitung befinden sich auf dem Personal Computer noch in den Anfängen. Das Programm ImageStudio von Letraset zeigt für diesen Bereich Entwicklungstendenzen auf. Damit steht dem DTP-Anwender die elektronische Retusche am Bildschirm anstelle des Fotolabors zur Verfügung.

2.2.4 Integration von CAD-Formaten

Für Publikationen zur Technischen Dokumentation ist es erforderlich, auch Zeichnungen aus CAD-Programmen zu integrieren. Das einzige normierte Datenformat für solche Anwendungen ist das Grafische Kern System. GKS hat bis heute für PC's keine relevante Bedeutung, so daß dieses Datenformat von den DTP-Programmen nicht unterstützt wird. PageMaker von Aldus und Ventura Publisher von Rank Xerox können die Datenformate von CAD-Programmen nicht direkt lesen, sondern können die für Plotter bestimmten Steuerdateien integrieren. Dazu wird von beiden Programmen das Format für HPGL (von Hewlett-Packard) benutzt. PageMaker ist in der Lage, auch ADI und Tektronix PLOT-10 Formate zu lesen.

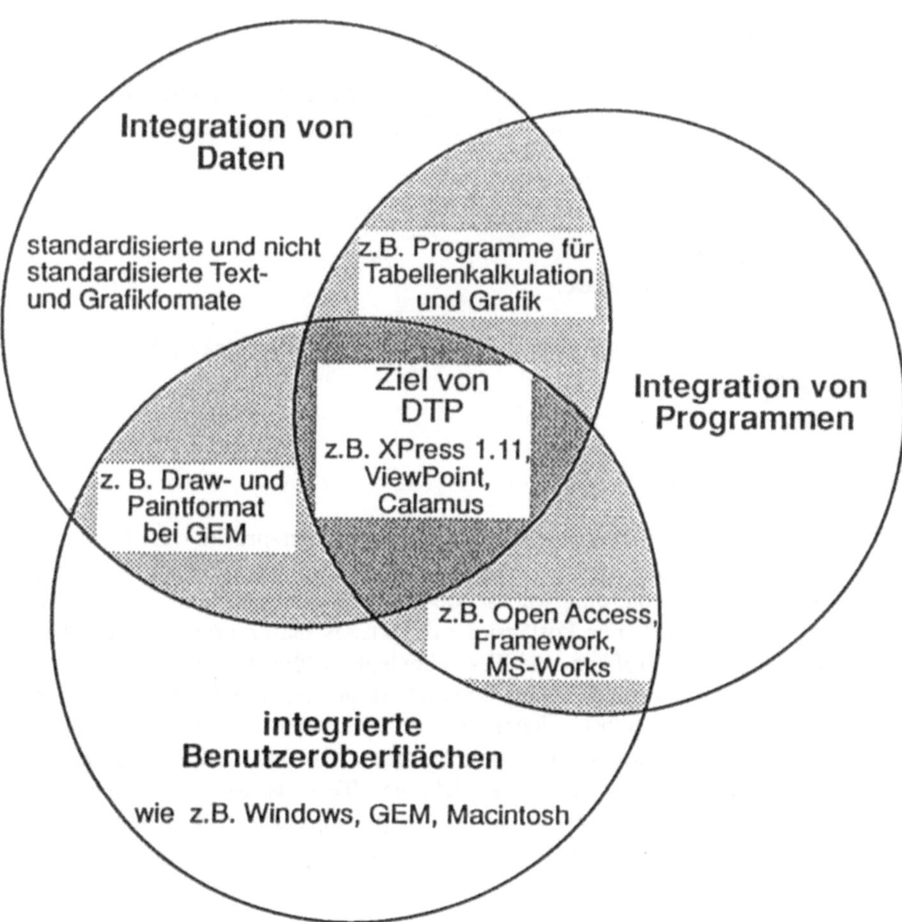

Abbildung : Zusammenhänge der Definitionen für Integration

2.2.5   Integration von PostScript-Dateien

Eine völlig neue Art von Grafiken sind PostScript-Grafiken. Mit PostScript ist es möglich, mit Rastern zu arbeiten. Zur Zeit sind drei Produkte verfügbar, die als PostScript-Editoren fungieren:

- Illustrator von Adobe,
- FreeHand von Aldus und
- Cricket Draw von Cricket Software.

Ein wesentlicher Vorteil von PostScript ist die typografische Mächtigkeit dieser Seitenbeschreibungssprache.

2.3   Integration von Text und Grafik

PostScript (PS) wurde von Adobe als Seitenbeschreibungssprache als Bindeglied zwischen Computer und Ausgabegerät entwickelt. PostScript ist zur Zeit die einzige Seitenbeschreibungssprache, die eine wachsende Zahl von lizenzierten typografischen Schriften zur Verfügung stellt. Für PostScript existiert das Datenformat Encapsulated PostScript (EPS), mit dem Grafiken und Text abgelegt werden können, so daß sie in DTP-Programme einbindbar sind. Zum Beispiel kann der PostScript-Output von Ventura Publisher Dateien selbst wieder in ein Ventura-Dokument eingebunden werden. EPS ist damit das erste Datenformat, mit dem Text und Grafiken gemeinsam gespeichert werden können. Das ist nur möglich, weil Text als Sonderfall der Grafik behandelt wird. Aufgrund der Fähigkeit von PostScript, mit Rastern zu arbeiten, ist es möglich, mit einigen Programmen Farbseparation zu machen.

2.4   Integration von sonstigen Daten

Weitere Arten von Daten, die sich in DTP-Programme integrieren lassen sollten, sind

- Hardcopies,
- Mathematische Formeln und
- Tabellen.

Für die Dokumentation der Benutzung von Programmen ist es praktisch, wenn der Bildschirminhalt des zu beschreibenden Porgamms *eingefroren* werden kann. Mit entsprechenden Hilfsprogrammen ist es leicht möglich, Bildschirminhalte mit Text zu kopieren. Aufwendig ist das Kopieren von grafischen Bildschirminhalten, da diese in der Regel nicht in das DTP-Prgramm eingebettet werden können. Mathematische Formeln und Tabellen können nicht direkt in die Publikation eingesetzt werden, sondern sind über Grafikformate in das DTP-Programm zu integrieren.

3   Integration von Programmen

3.1   Integrierte Programme der 1. Generation

2. Definition
Der Grad der Integration eines Programmes bemißt sich nach der Zahl der alten Programme, die sich durch die Anwendung des neuen Programms als überflüssig erweisen.

Die Softwaretechnik ist heute bereits in der Lage, mit einem Produkt mehr als eine Aufgabe zu bewältigen. Die ersten Programme dieser Art waren die Verbindung von Tabellenkalkulation und parametergesteuerter Grafik. Im Laufe der Zeit entstanden sog. "Alleskönner" wie z.B. OpenAcess, FrameWork und Symphony, die neben Tabellenkalkulation und Geschäftsgrafik auch noch die Bereiche Datenbank und Textverarbeitung abdecken. Diese integrierten Programme der 1. Generation haben durch ihre einheitliche Bedienung der einzelnen Programmteile (s. Abschnitt 4) hohe Einsatzzahlen erreicht. Die Integration der Daten zwischen den einzelnen Programmteilen erweist sich als teilweise schwierig. Am einfachsten ist es, die Daten der Tabellenkalkulation dem Grafikteil bereitzustellen, aber die erstellten Grafiken dem Textverarbeitungsteil zur Verfügung zu stellen, erwies sich lange Zeit als Unding.

Teilweise erfolgt der Datenaustausch über spezielle Zwischendateien. Sollen z. B. Umsatzzahlen aus der Datenbank grafisch dargestellt werden, so sind die Zahlen über ein Austauschformat von der Datenbank in die Tabellenkalkulation einzufügen, und erst dann kann die Grafik erstellt werden. Das ist derselbe Arbeitsablauf wie bei Programmen von verschiedenen Herstellern.

3.2   Integrierte Programme der 2. Generation

Bei den integrierten Programmen der 2. Generation bleiben dem Anwender Austauschformate und das Wechseln von Programmteilen erspart. Das Programm RagTime von Evert & Brüning vereinigt beispielhaft Textverarbeitung und Tabellenkalkulation. Auf mehreren Seiten können Text und Tabellen nebeneinander verknüpft werden und bestimmte Teile der Tabellen können für den Ausdruck unsichtbar gemacht werden. Nur durch das Klicken der Maus auf das entsprechende Rechteck am Bildschirm wird bestimmt, ob Texte geschrieben oder Tabellen eingetragen werden. Im Bereich DTP gibt es zwei weitere Beispiele, die Programme Scoop und Calamus.

Calamus für den Atari ST will neben Text und Tabellen auch noch Zeichnungen und parameter-gesteuerte Grafiken auf einmal bearbeiten können. Bei Scoop können Änderungen von Paintbildern und Tiff-Formate vorgenommen werden. Die optimale Integration stellen komplette Systeme dar, wie z. B. View Point von Xerox und EMS 5800 von Siemens.

4   Integration von Benutzeroberflächen

3. Definition
Eine integrierte Benutzeroberfläche erlaubt es dem Anwender, mehrere Programme verschiedene Hersteller auf ein und dieselbe Weise zu bedienen.

Bei den integrierten Programmen der 1. Generation hat sich der große Vorteil der einheitlichen Bedinung der einzelnen Programmteile gezeigt. Die Gestaltung einer guten grafischen Benutzeroberfläche ist allerdings sehr aufwendig, so daß sich der Aufwand erst lohnt, wenn auch andere Softwarehersteller darauf zurückgreifen. Zu einer guten grafischen Benutzeroberfläche gehören:

- Fenstertechnik,
- Mausbedienung,
- Menüs (Pull-down, Pop-up, drop-down) und
- Ikons (Sinnbilder).

Die Maus ist für den Anwender ein wirkungsvolles und vor allem ein intuitives Steuerungsinstrument, gegenüber der eher schwerfälligen Tastatureingabe.

Die Umsetzung eines Handlungsziels in entsprechende Anweisungen an den Computer ist mit der Maus leichter möglich als mit der Tastatur. Dabei ist es nicht entscheidend, daß die Umsetzung unter Umständen länger dauert als die entsprechenden Tastaturbefehle. Es ist sinnvoll, sowohl die Mauseingabe als auch die Tastatureingabe zu ermöglichen.

Folgende integrierte Benutzeroberflächen sind bei PC's im Einsatz:

- GEM von Digital Research für MS-DOS und Atari,
- WINDOWS von Microsoft für MS-DOS,
- Workbench von Commodore für Amiga,
- Macintosh von Apple Computers für Macintosh.

5   Zusammenfassung

Die integrierten Programme der 2. Generation stehen noch am Anfang, da sich die Software-Entwickler erst auf die integrierten Benutzeroberflächen einstellen müssen. Die Entwickler müssen ihre Programme dem Stil der Benutzeroberfläche anpassen, was einige Zeit in Anspruch nimmt. Für das Betriebssysten Unix sind auch einige grafische Oberflächen in Sicht. Es ist zu hoffen, daß bei Unix eine Benutzeroberfläche standardisiert wird.

Desktop Publishing - mehr als nur Aerobic mit Bits?

Analyse und Einordnung neuer Techniken zur integrierten Seitengestaltung mit Text und Grafik

Walter F. Schäfer, Eschborn

Seit nunmehr zwei Jahren durchsetzen völlig neue Anglizismen den Sprachgebrauch der Informationsverarbeitung. Fast alle "neu-hochdeutschen" Wörter führen dabei den Begriff "Publishing" in ihrem Namen und damit teilweise die Eroberung traditioneller Märkte im Schilde. Die Revolution wird propagiert, die Publishing-Robespierres und -Dantons suggerieren den Einsatz ganzer Berufsstände wie die der Setzer und Drucker. Die Entwicklung des "Desktop-Publishing" wird durch entsprechende Kampagnen in gutenbergsche Dimensionen gerückt und anscheinend historisch bedeutsam. Die Untertitel nach dem Motto "Jeder macht alles selbst" wirken verführerisch, attraktiv und beängstigend. Was steckt nun de facto dahinter, fragen sich viele verunsicherte Anwender. Ist das Desktop Publishing, abgekürzt DTP, das Aerobic von morgen, somit eine vernachlässigbare Modeerscheinung, von der in kurzer Zeit niemand mehr spricht?

Die Anforderungen an ein DTP-System

Im streng übersetzten Sinn versteht man unter DTP das "Erfassen und Ausgeben zu publizierender Daten auf dem Schreibtisch". Flotte Werbekampagnen machen daraus "die Setzerei und Druckerei auf dem Schreibtisch". Beide Begriffsbestimmungen sind schwammig, interpretierbar und nicht konkret. Dies führt auch prompt dazu, daß der schnell zum "Renner" gewordene Begriff verwässert und von vielen Anbietern im Markt unberechtigterweise auf die Hersteller-Fahne geschrieben wird. Als trefflicher Beweis läßt sich die CeBit 1987 anführen; bei dieser Messe konnte man den Eindruck bekommen, daß es nur noch "Desktop Publishing" gibt: DTP als besucher-heischendes Schlagwort par excellence!

Allerdings lassen sich der Entstehungs-"Geschichte" des Begriffs unter objektiven Gesichtspunkten klare Anforderungen an ein DTP-System definieren. Für den aufgrund des babylonischen Sprachgewirrs im Publishing-Sektor intellektuell strapazierten Anwender ergibt sich daraus eine "DTP-Checkliste".

1   Die Software

Jedes System, jede Hardware ist nur in dem Maße anwenderfreundlich, wie die Software, die dafür zur Verfügung steht. Einer der elementaren Ursprünge des Begriffs

"Desktop Publishing" liegt auf dem Gebiet der Anwendungsprogramme. Die DTP-Initialzündung war u.a. das Ziel, eine Seite mit Text und Grafik auf einem grafikorientierten Microcomputer gestalten zu wollen. Die bereits bekannte textorientierte Datenverarbeitung auf PC-Basis blieb davon zunächst unberührt.

1. Merksatz für den Anwender: Wo die reine Textverarbeitung aufhört, beginnt DTP !

Am Rande, jedoch zum besseren Verständnis, sei bemerkt: Den Anspruch auf Urheberschaft für den Begriff "Desktop Publishing" kann Paul Brainerd, Gründer der Firma Aldus, erheben. Das von Aldus entwickelte Programm "PageMaker" gilt als eines der ersten DTP-Softwarepakete.

2   Die Hardware

Die DTP-Fundamente auf der Hardware-Seite sind die grafikorientierten Microcomputer und die Laserdrucker. Primär konzipiert für den Büromarkt, beginnt die Abgrenzung zu anderen "Publishing"-Gebieten beim Laserdrucker mit dem Preis. Zudem passen die verfügbaren Hochgeschwindigkeits-Laserdrucker rein physisch nicht auf den Schreibtisch. Grafikorientierte Personal Computer als wichtiger Bestandteil eines DTP-Systems haben das gesamte Microcomputer-Umfeld ohne Zweifel beträchtlich verändert. Hier hat eine Evolution stattgefunden: Die von Xerox geschaffene originaldarstellende Benutzeroberfläche wurde auf die PC-Oberfläche übertragen. Die mausgesteuerte Fenstertechnik eröffnete die Grafikfähigkeit. Als "Evolutionär" schlechthin gilt hier die Firma Apple mit den Geräten Lisa und vor allem dem Macintosh.

Die Kombination von grafikorientierten Microcomputer und Laserdrucker popularisierte ein neues Schlagwort: WYSIWYG = What You See Is What You Get. Das bedeutet: Die Positionierung und die Größendarstellung auf dem Bildschirm entsprechen denen des Ausdrucks.

2. Merksatz für den Anwender: Ein DTP-Microcomputer muß grafikfähig sein!

3   Die Schriften

Insbesondere bei den Anwendern von herkömmlichen Textverarbeitungssystemen schlägt bei diesem Punkt der Puls erheblich schneller: In einem DTP-System kommen Original-Satzschriften zur Anwendung.

Sowohl auf dem Bildschirm als auch auf dem ausgedruckten Ergebnis ließen sich zunächst einfache Grotesk- und Antiqua-, heute schon weit mehr ausgefallene serifenlose und -betonte Schriften unterscheiden. Grund dafür ist die Lizenzvergabe der bekannten Schriften namhafter Schriftbibliotheken an DTP-Schlüsselfirmen wie Adobe Systems, auf die in den folgenden Abschnitten noch eingegangen wird.

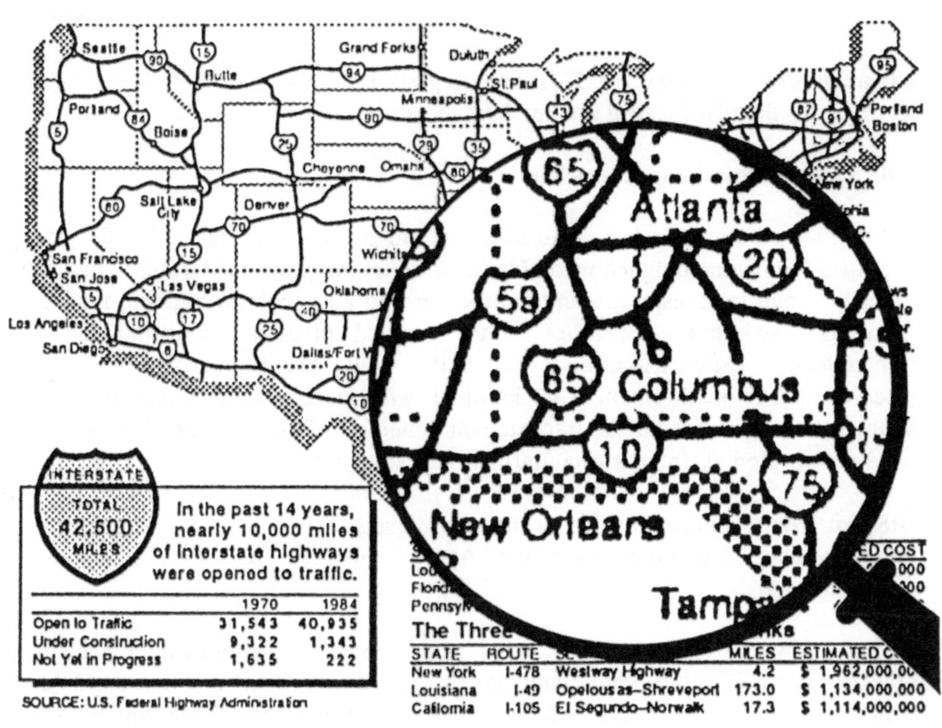

	1970	1984
Open to Traffic	31,543	40,935
Under Construction	9,322	1,343
Not Yet in Progress	1,635	222

SOURCE: U.S. Federal Highway Administration

The Three

STATE	ROUTE	SEGMENT	MILES	ESTIMATED COST
New York	I-478	Westway Highway	4.2	$ 1,962,000,000
Louisiana	I-49	Opelousas–Shreveport	173.0	$ 1,134,000,000
California	I-105	El Segundo–Norwalk	17.3	$ 1,114,000,000

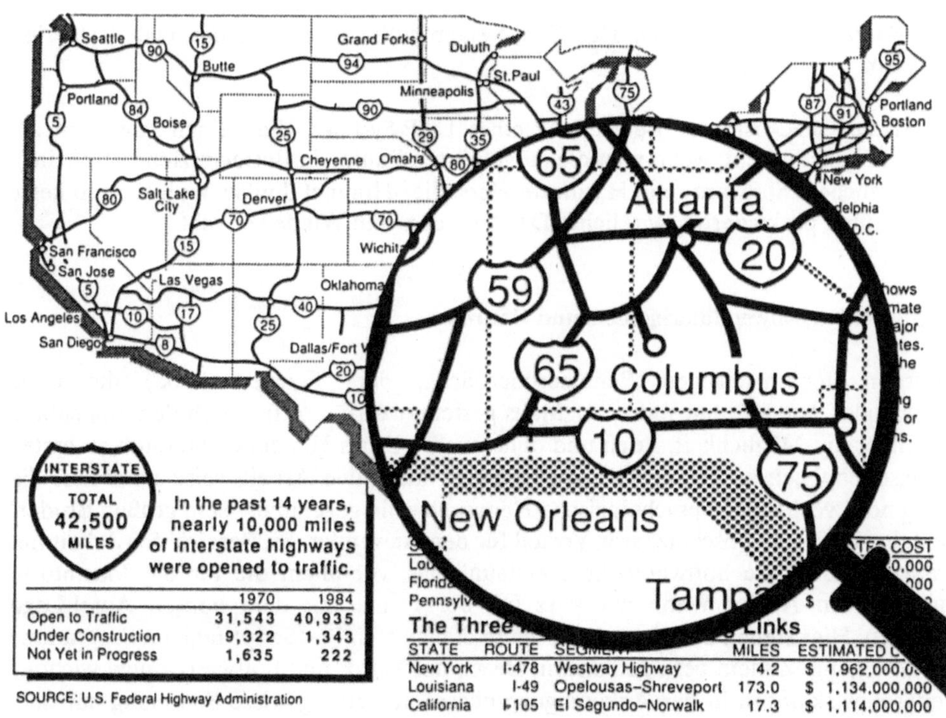

	1970	1984
Open to Traffic	31,543	40,935
Under Construction	9,322	1,343
Not Yet in Progress	1,635	222

SOURCE: U.S. Federal Highway Administration

The Three

STATE	ROUTE	SEGMENT	MILES	ESTIMATED COST
New York	I-478	Westway Highway	4.2	$ 1,962,000,000
Louisiana	I-49	Opelousas–Shreveport	173.0	$ 1,134,000,000
California	I-105	El Segundo–Norwalk	17.3	$ 1,114,000,000

Für die Druckqualität ist ausschlaggebend, ob relativ grobe Ton-Partikel elektrostatisch und in variierender Menge übertragen und wärmefixiert werden müssen (oben), oder ob ein feiner Laserstrahl hochauflösendes Fotomaterial oder Druckfolien belichtet (unten).

3. Merksatz für den Anwender: Ein DTP-System gestattet die Verwendung von Original-Satzschriften auf dem Bildschirm und im Ausgabegerät.

4   Die Seitenbeschreibungs-Sprachen

Last but not least kommen wir auf die Komponente zu sprechen, ohne die schlichtweg kein Desktop Publishing möglich wäre. Um eine Seite komplett mit Grafiken und Text durch ein Seitengestaltungsprogramm verarbeiten und ausgeben zu können, muß eine Übermittlung zwischen Eingabe- und Ausgabemedium stattfinden. Die unterschiedlichen Datenstrukturen der Seite sind als Steuerdaten für die Ausgabeeinheit zu beschreiben. Die kardinal wichtige Aufgabe übernehmen die sogenannten Seitenbeschreibungssprachen, von denen sich PostScript der Firma Adobe Systems Incorporated als Industriestandard durchgesetzt hat:

- PostScript arbeitet geräte- und auflösungsunabhängig,
- zusammen über 300 Programme der Apple und MS DOS-Welt sind bereits PostScript-fähig.

Zudem hat Adobe Systems schon heute als Lizenznehmer der weltbekannten Schriften-bibliotheken der ITC und von Linotype (Mergenthaler Schriftenbibliothek) eine beträchtliche Anzahl von Original-Satzschriften für die gesamte PostScript-Welt zur Verfügung.

4. Merksatz für den Anwender: Das DTP-System sollte zumindest optional PostScript-fähig sein.

Soweit die Checkliste zur Beurteilung eines DTP-Systems, die keinen Anspruch auf Vollständigkeit erhebt; wenn man die aufgeführten Punkte in Betracht zieht, erscheinen an so manchem Software- und Hardware-Hersteller-Himmel dunkle Wolken, und kesse Sprüche über praktiziertes "wirkliches DTP" werden vom Winde verweht.

Möglichkeiten, Anwendungsgebiete und Grenzen

Aufgrund der neuartigen Benutzeroberfläche, der "Fenstertechnik", die ohne Kommandos, sondern nur mit einer Maus gesteuert wird, eröffnet sich dem ungeübten Anwender die Möglichkeit, rasch und ohne ausführliches Handbuch-Studium zu ersten Erfolgserlebnissen zu gelangen. Diese zunächst attraktive Arbeitsweise minimiert die häufig noch vorhandene psychologische Hemmschwelle gegenüber "dem großen Bruder" im kleinen PC - ein unschätzbarer Vorteil für den Anwender. Im Bereich der Arbeit mit Grafiken leisten die Softwarepakete erstaunliches, vor allem die für die Macintosh-Baureihe von Apple. Wenn wir kurz bei der Firma mit dem bunten Apfel-Logo verweilen: Hier stehen dem Anwender heute die meisten PostScript-fähigen Programme zur Verfügung. Zudem befinden sich in Bezug auf Hard- und Software einige wichtige Weiterentwicklungen in der Ankündigungsphase, was eine gewisse Spannung auf dem Markt erzeugt.

PC mit Linotronic 300
(Werkfoto: Linotype, Eschborn)

Die MS DOS-Welt, die sich von der textorientierten Seite auf den DTP-Markt
zubewegt, unternimmt mit einigen guten Softwarelösungen für die Seitengestaltung erste
wichtige Schritte in dem als umsatzträchtig eingeschätzten neuen Markt.

Nun zu einer wichtigen Frage: Welche Anwendungen werden heute im bundesrepubli-
kanischen Markt mit DTP-Softwarepaketen erledigt?

Die Mehrzahl der Anwendungen sind

- Dokumentationen, die einen hohen Grafikanteil enthalten und von einfachen Texten
  ergänzt werden (Beispiele: Handbücher mit geringem bis mittleren Umfang, Merk-
  und Datenblätter, Broschüren für den technischen Kundendienst, Entwürfe für
  Maschinenentwicklung),
- Newsletter (Hausmitteilungen, Produktinformationen),
- kurzlebige Drucksachen mit niedrigem Qualitäts-Anspruch,
- Zeitschriften mit begrenztem Umfang und niedrigem Anspruch an typografisch
  vollendete Gestaltung,
- Präsentationsunterlagen.

Es war schon immer und bleibt so: Der Anspruch des Anwenders definiert das einzusetzende System. Liegen beispielsweise die Ansprüche in Bezug auf die Textverarbeitung auf dem Niveau der absoluten Professionalität (Anwendungen: excellente
Werbebroschüren, Werke, Tabellensatz, Formulare usw.), so können diese
Anforderungsprofile nur von einem Satzsystem mit professioneller Satz- (nicht Text-)
Software erfüllt werden. Diese Aussage soll wiederum als 5. Merksatz für den Anwender
gelten.

Auch das Auflösungsvermögen der Ausgabeeinheit, das die Schärfe und Brillianz des
Endprodukts maßgeblich beeinflußt, ist abhängig vom jeweiligen Anspruchsniveau. Dem
DTP-Anwender eröffnen sich seit geraumer Zeit attraktive Wege zur "Desktop-Verede-
lung".

Brückenschlag zur hohen Ausgabequalität

Fast alle Hersteller von Satz- und Kommunikationssystemen haben sich die Integration
von Text, Grafik und Bild zum Thema gemacht. Das Produktangebot ist bis dato mehr
oder weniger vollkommen, da die erforderliche Laser-Aufzeichnungs-Technologie nicht
überall vorhanden ist. Diese Technologie ist in dem genannten Bereich wegweisend und
eröffnet völlig neue Perspektiven.

Die Kunden des Hauses Linotype können bereits seit 1984 mit Ausgabegeräten
arbeiten, die auf der Lasertechnik beruhen. Die Linotronic-Baureihe ist heute mehr als
5.000 mal verkauft. Es ergibt sich mit der Serie 100 von Linotype die Kombination
Laserbelichter als Ausgabemedium für Text und Grafik und grafikorientierter
Microcomputer als Eingabestation. Realisiert wurde die Anbindung durch den
Entschluß von Linotype, die Laserbelichter für die Seitenbeschreibungssprache
PostScript zugänglich zu machen. Damit waren die Weichen für die "DTP-Veredelung"

gestellt. Jede mit einem PostScript-fähigen Anwendungsprogramm auf einem Apple Macintosh, IBM PC (empfehlenswert AT) oder kompatiblen estellte Arbeit kann auf einem Laserdrucker oder auf einem Linotype Laserbelichter ausgegeben werden. Durch den Veredelungsprozeß mit der Ausgabe auf Laserbelichter lassen sich prägnante Vorteile erzielen:

Auflösungsfeinheit bis zu 2540 dots per inch/1000 Linien/cm, das ist rund 64 (senkrecht/waagerecht 8x8) mal mehr als mit einem gängigen Laserdrucker.

Ausgabe auf Fotopapier, Film oder Direktdruckfolie; mit dem letztgenannten Ausgabe-material ist eine direkte Verarbeitung ohne weitere Zwischenstufen in einer Kleinoffset-Druckmaschine (beispielsweise TOM/TOK von Heidelberg) möglich, Ausgabeformat von bis zu 305 x 655 mm.

Für den Anwender entsteht ein "Wachstumspfad der Qualität": Je nach Anspruch kann die DTP-Arbeit in 300 dots per inch (Laserdrucker) oder 2540 dpi-Auflösung (Linotronic 300) ausgegeben werden.

Viele Setzereien und Satzstudios haben sich diese im Markt der Satz- und Kommunika-tionsgerätehersteller bislang einmalige PostScript-Fähigkeit der Limotype Laser-belichter zu Nutze gemacht: Sie präsentieren sich mit einem Dienstleistungsangebot als "Desktop-Veredler" und fungieren als "Belichtungs-Studios".

Die enge Zusammenarbeit zwischen Adobe Systems und Linotype (Lizenzierung von PostScript an Linotype, Lizenzvergabe der Original-Schriftschnitte an Adobe) hat zu einer Verflechtung zwichen DTP und Satzindustrie beigetragen. Es sind synergetische Effekte zu beobachten: Viele traditionelle Satzanwender sind eifrige DTP-Anwender und propagieren das Miteinander von DTP- und Satz-System. Desktop Publishing - also evolutionierende Ergänzung, nicht revolutionierender Ersatz!

Aspekte der Wirtschaftlichkeit

Nimmt man die wirtschaftlichen Gesichtspunkte für den Einsatz eines DTP-Systems unter den Fadenzähler, sind u.a. folgende Aspekte zu berücksichtigen:

1.   bisherige Produktionsmethode,
2.   Anwendungsbereich,
3.   Personal.

Verdeutlichen wir diese Aspekte an Beispielen:

Eine Präsentationsfolie mit einer Konfigurationszeichnung und erläuterndem Text. Im konventionellen Herstellungsprozeß mit Reinzeichnungs-Studio und Satzsystem bedeutet die Aufgabenstellung getrennte Produktion und anschließende manuelle Montage. Die reine Erstellung mit den erforderlichen Korrekturläufen stellt den größten Zeit- und damit auch Kostenfaktor dar. Die Herstellung mit einem

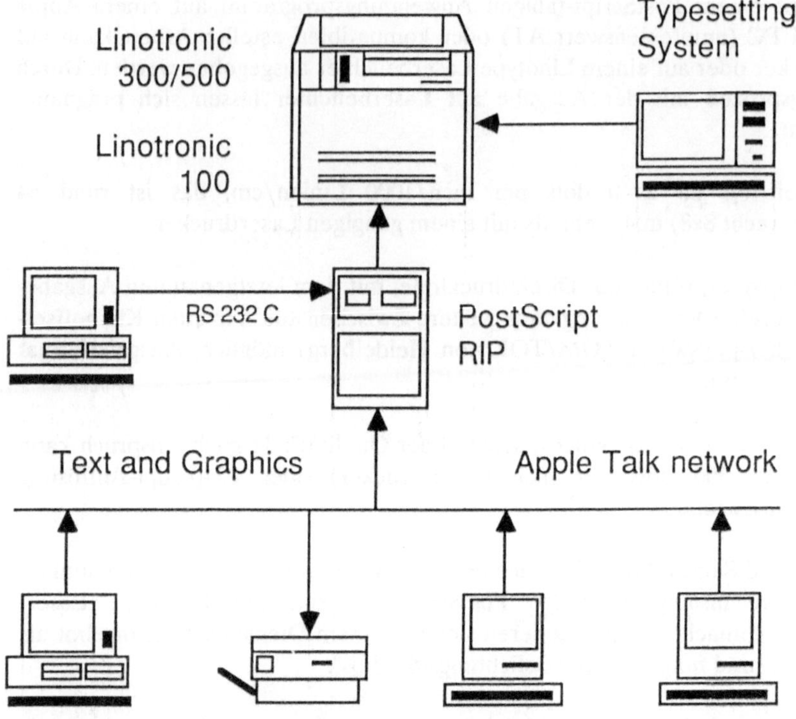

Schema einer Konfiguration
PC - Workstation - Laser-Drucker - Fotosatz-Anlage - Linotronic

Zur Schrift-Ästhetik und zur Schönheit der Typografie gehört seit mehr als 500 Jahren die Kunst des Setzens, die mit Gutenberg den Anfang nahm und die von Linotype mit zahlreichen Innovationen beeinflußt wurde. In den vergangenen 20 Jahren hat sich in der Satzherstellung mehr ereignet als in *den 500 Jahren nach Gutenberg. Linotype zeigt einmal mehr, was*

Der Setzer bekommt Probleme, wie kritische Zeichenverbindungen, Randausgleich und Laufweitenausgleich in den Griff. Er kann bis zu 432 Zeichenpärchen in jeder Schrift unterschneiden und optimal ausgleichen. Er kann die Laufweiten in drei Varianten verändern und die Werte völlig frei definieren.

Hohe Ausgabe-Qualität durch Laser-Aufzeichnung

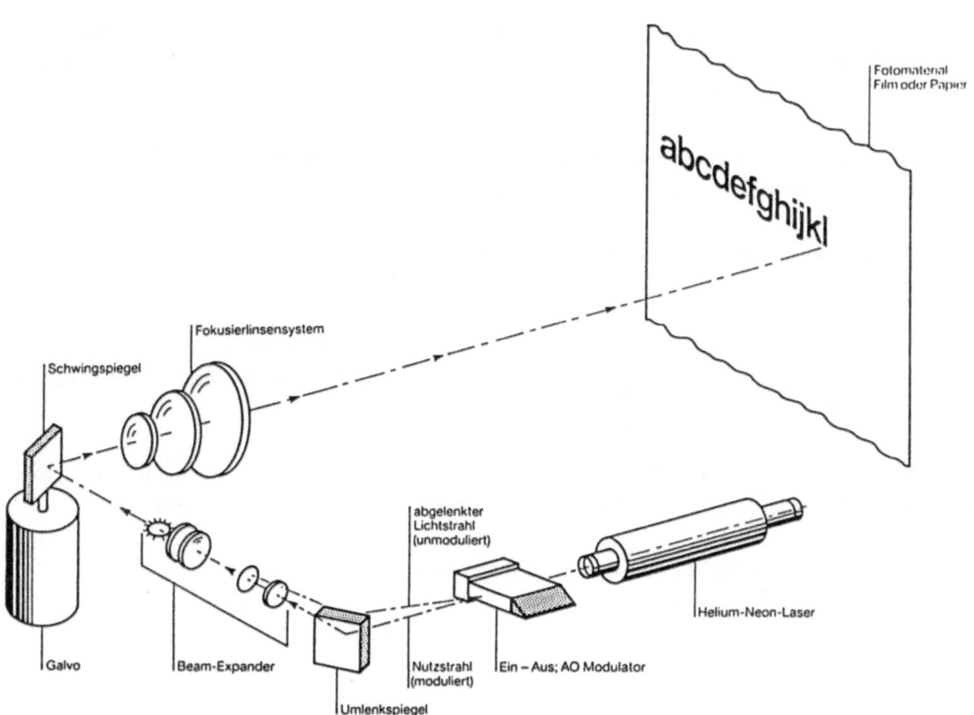

Schema der Belichtung in einer Linotronic 100

grafikorientierten Personal Computer und die Online-Filmbelichtung spart in erheblichem Maße Zeit und Geld.

Beispiel 2 sei ein 64-seitiges technisches Handbuch mit einfachen grafischen Ergänzungen zum dreispaltigen Text. Die Aufgabenstellung setzt spezielle Kenntnisse bei Setzer und "Desktop Publisher" voraus. Nicht jeder wird diese Arbeit mit der Maus in der linken Hand produzieren (wollen und können), wer es versucht, wird DTP als Scharlatanerie betrachten und bitteres Lehrgeld zahlen. Von Wirtschaftlichkeit ganz zu schweigen!

Nur Fachleute können gute Werkzeuge effektiv einsetzen. Wer glaubt, mit DTP die zu dotierenden Mitarbeiter "ersetzen" und damit schon Kosten sparen zu können, befindet sich auf dem Weg zum Abstellgleis. DTP steht nicht zuletzt für Design, Typo **und** Profession. Nur die Addition führt zu einem positiven Ergebnis. Schließlich sei die Erfahrung vieler Anwender genannt: Professioneller Satz ist ausschließlich mit professionellen Satzsystemen wirtschaftlich herstellbar!

... und was bleibt?

Der Anwender erlebt zur Zeit eine pulsierende, rasante Entwicklung im Markt der Informationsverarbeitung. Zweifellos setzen die hochschlagenden Desktop-Wellen Maßstäbe für alle Systeme. Es bleibt festzuhalten:

1.   Personal Computer, die sich in Zukunft mehr und mehr zu Workstations mausern, und die Satzindustrie bewegen sich aufeinander zu.

2.   Neue Standards sind definiert, wie zum Beispiel die Seitenbeschreibungssprache PostScript von Adobe.

3.   Verschiedene Komponenten des Desktop Publishing sind im Markt etabliert, auch wenn sie in absehbarer Zeit vielleicht unter einem anderen "Publishing"-Begriff auftauchen

4.   Der Anwender ist mehr denn je aufgefordert, sich zu informieren und das breite Marktangebot kritisch auf die Tauglichkeit für seine Anendung zu prüfen.

Desktop Publishing - nicht nur Aerobic, aber auch kein Volkssport!

Desktop Technical Documentation - DTP im CAD

Wilfried Gräbert, Berlin

1   Einleitung

Unterschiedliche Formen und Ausdrucksmittel von Text- und Grafik-Informationen und deren Publikationen stellen jeweils spezifische Anforderungen an eine Software, die das Erstellen von Dokumenten in eigener Regie am Personal Computer erlauben.

Es ist offensichtlich, daß man die Anforderungen und Erwartungen von Anwendern in Werbeagenturen, von Grafikdesignern oder Kleinverlagen nicht mit den Anforderungen vergleichen kann, die sich in einem Ingenieur- oder Architekturbüro stellen. Dasselbe trifft auf Abteilungen für Öffentlichkeitsarbeit und Marketing in Großunternehmen einerseits und Konstruktions-, Forschungs- und Zeichnungsabteilungen andererseits zu.

Die Schwerpunkte bei der Integration von Text und Grafik im CAD-Bereich und bei der Erstellung technischer Dokumente in Ingenieurbüros und Technischen Abteilungen lassen sich - von der Anwenderseite betrachtet - folgendermaßen charakterisieren:

Aufgabe und Verantwortung eines Ingenieurs, Konstrukteurs oder ·Technischen Zeichners liegt in

- dem präzisen Entwurf und der akuraten Realisierung von technischen Plänen, Zeichnungen und Konstruktionen (z.B. maßstabsgetreues Zeichnen),
- der präzisen und sachlichen schriftlichen Information zur Zeichnung, zum Plan: durch Erläuterungen, Kommentare, Berechnungs- und Meß-Tabellen, Block- und Flußdiagramme, Stücklisten, Schaltpläne u.a.m.

Für die Dokumentation und das Berichtswesen ergeben sich hieraus die Forderungen nach

- detaillierter Wiedergabe einer Zeichnung - z.B. mit
- Bemaßung,
- Maßstabsangabe,
- Illustration von Details,
- Extraktion von Teilen aus Gesamtzeichnungen,
- verschiedenen Ansichten eines technischen Objektes,
- einer klaren und an der Sache orientierten Gliederung und Gestaltung eines Textes.

Anders gesagt: langwierige Textformatierungen, typographische Experimente, virtuose aber zeitraubende Layout- und Design-Entwürfe sind nicht Sache des CAD-Anwenders. Intuitive Kreativität allein reicht nicht: Ohne fundierte Sachkenntnisse von Satz,

Grafikdesign, Layout und Umbruch kann man sich - trotz schnell zugänglicher
Benutzeroberflächen - bald im Netz fremder Disziplinen verstricken, ehe man zu optisch
ansprechenden und befriedigenden Ergebnissen kommt.

Im technisch/wissenschaftlichen Bereich, in dem CAD-Programme zum Einsatz
kommen, kann man nicht primär das Konzept verfolgen, daß der Konstrukteur, der
Architekt oder der Technische Zeichner jetzt in einer Person Autor, Lektor, Schriftsetzer, Grafiker, Reinzeichner, Drucker, Verleger und Herausgeber vereint. Wer
Einblick in die Praxis und den Alltag eines Ingenieurbüros oder einer Konstruktions-
abteilung eines Unternehmens hat, der weiß, daß Dokumentation, Textinformation,
Verwaltung und Archivierung von Plänen und Zeichnungen oft ein neuralgischer Punkt
sind. Hier soll mit dem Programmpaket AutoPACK ein neues Werkzeug und Hilfsmittel
zur Hand gegeben werden.

2   AutoPACK: Desktop Technische Dokumentation am CAD-Arbeitsplatz

AutoPACK ist ein neues integriertes Softwarepaket, das vom EDV-Systemhaus Gräbert
Anfang September 1987 der Öffentlichkeit vorgestellt wurde. In AutoPACK sind die
Komponenten Computer Aided Design, Textverarbeitung und Desktop Layoutbearbei-
tung und Publikation von Technischen Dokumenten vereint. AutoPACK verbindet die
Vorzüge fortgeschrittener Textverarbeitung mit den Fähigkeiten vektororientierter
CAD-Zeichnungserstellung.

Mit diesem Programm wenden wir uns an potentielle CAD-Anwender und an die
professionellen Benutzer des weltweit verbreitetsten CAD-Programms (100.000 Installa-
tionen) für technisches Zeichnen und Konstruieren am Personal Computer Arbeitsplatz:
AutoCAD.

AutoPACK wurde so konzipiert, daß der CAD-Anwender Technische Berichte,
Dokumentationen und Veröffentlichungen in der gewohnten Umgebung eines CAD-
Arbeitsplatzes verwirklichen kann. Das betrifft die Hardware-Konfiguration wie die
Software-Umgebung und Benutzeroberfläche.

3   CAD versus DTP: Zwickmühle bei der Hardware-Konfiguration?

AutoPACK arbeitet mit der Hardwareausstattung und der Peripherie, die für einen
multifunktionalen CAD-Arbeitsplatz kennzeichnend sind. Das Programm benötigt also
nicht - wie andere auf Layouterstellung ausgerichtete Programmsysteme - eine
abweichende Hardware-Konfiguration von der eines typischen CAD-Arbeitsplatzes.

Mehr als das: Die professionelle Ausstattung eines CAD-Arbeitsplatzes mit
hochauflösendem 20-Zoll-Farbmonitor und Grafikkarte (1280 x 1024 oder 1024 x 768
Bildpunkte), einem Grafiktablett (A4- oder A3-Größe) und mit der Unterstützung des
mathematischen Coprozessors steht qualitativ auf einem hochwertigeren Level als die
Konfigurationen angebotener DTP-Arbeitsplätze im PC-Bereich.

Als Anbieter für komplexe CAD-Lösungen auf PC-Basis erleben wir bei Anfragen hinsichtlich der Verknüpfung von CAD und DTP in Bezug auf anstehende Anschaffungen und Investitionen die Unsicherheit bei den Interessenten über die benötigte Ausstattung. Dies war Motiv genug, das Erstellen von Text-/Grafik-Dokumenten am CAD-Arbeitsplatz zu realisieren. Mehrkosten für zusätzliche Peripherie oder gar PC-Arbeitsplätze lassen sich so vermeiden. Ebenso können Zugeständnisse zugunsten der Hardwarevoraussetzungen eines DTP-Programmes auf Kosten der Leistungsfähigkeit der CAD-Aufgaben umgangen werden.

4   Software-Umgebung und Benutzeroberfläche

Die Benutzeroberfläche entspricht der gewohnten CAD-Software - also AutoCAD -, die formal gekennzeichnet ist durch die Befehlsauswahl mit dem Zeigegerät:

- in der Bildschirm-Menüleiste,
- auf der Menüauflage des Digitalisiertabletts.

Ein - nicht zuletzt auf die Layoutgestaltung zugeschnittenes - Tablettmenü, das die Bildschirmbefehlsleiste funktional ergänzt, ist ein hervorragendes und bewährtes Mittel der Befehlseingabe und Zeichnungserstellung. Im Digitalisiermodus läßt sich das Tablett wie ein Layout-Lichttisch nutzen.

Da CAD-Anwender in dieser gewohnten Umgebung arbeiten, ist der Umgang mit den Layout-Features schnell erlernbar und einfach handhabbar.

Bei der Entwicklung von AutoPACK spielte eine weitere Prämisse eine Rolle: Die Erfassung von Text muß während der Zeichnungserstellung und Konstruktion schnell und unkompliziert möglich sein und darüber hinaus sollten die erfaßten Texte bei einem späteren Layout bzw. einer späteren Text-/Grafik-Montage eines Dokumentes effektiv genutzt werden können. Der Aufruf des Texteditors ist während der Erstellung einer Zeichnung möglich, ohne das CAD-Programm "schließen" zu müssen.

Die Arbeitsweise von AutoPACK gleicht nicht der anderer DTP-Programme, in denen Zeichnungen in den Text eingefügt werden. In diesen DTP-Programmen wird Platz gelassen für fertige Zeichnungen, oder es werden Rahmen für fertige Zeichnungen definiert. Zeichnungen können dann zwar vergrößert oder verkleinert werden (oft unter Verlust der Bildschärfe oder der Maßstäblichkeit), aber nicht mehr im ingenieurmäßigen Sinne editiert und modifziert werden.

Wir haben uns dafür entschieden, das Formatieren von Text der Textverarbeitung zu überlasen: dort findet die Festlegung statt für das Seitenformat (Ränder, Kopf- und Fußzeile, Paginierung, Seitenumbruch), die Absatzformatierung (Einzüge, Ausrichtung: links-, rechtsbündig, zentriert, Blocksatz) und die Zeichenauszeichnung (fett, kursiv, schattiert, unterstrichen, invers usw.). Die Textvorlage wird beim Layout und der Text-/Grafik-Montage in die CAD-Zeichnungsebene konvertiert. Auf dem Grafikbildschirm wird die Vorlage so dargestellt, daß der Anwender die Plazierung und die Größe der Zeilen wiedergegeben findet.

CAD und DTP - ein Vergleich

Benutzer, Anwendungsgebiete, Einsatzmöglichkeiten

Desktop Technische Dokumentation	Desktop Layout, Satz, Umbruch

Benutzergruppe:

CAD-Anwender Konstrukteur Technische Zeichner Ingenieurbüros Technische Abteilungen	Layouter, Grafikdesigner Print-Shops Herausgeber v. Zeitschriften Kleinverleger Werbeagenturen Marketing-Abteilungen

Vornehmliche Anwendungsmöglichkeiten:

Technische Handbücher Techn.-Wiss. Berichte Forschungsberichte Angebote, Datenblätter Übersichten, Tabellen Schaltpläne, Diagramme Stücklisten, Formulare Prokuktbeschreibungen Schulungsunterlagen	Newsletter Zeitschriften Broschüren Vereins-, Gemeinde-Info etc. Drucksachen vom Handzettel bis zur Speisekarte

Vorzugsweise Einsatzgebiete:

Berichtswesen Inhouse Dokumentation Technische Publikationen (Broschüren, Bücher)	Präsentationen häufig Einmal-Auflagen (z.B. Zeitschriften) Fotosatzvorlagen

Typische Hardware-Konfiguration für ...

Computer Aided Design	Layout, Satz, Umbruch
Dual-Screen Konfiguration	Single Screen Konfiguration
Grafik-Subsystem: hochauflösend (1024x768; 1260x1024 Pixel) 16 oder 256 Farben 20 Zoll Format (Breitformat)	Grafikmonitor: monochrome Ganzseitenmonitor
Eingabegerät: Digitalisiertablett	Maus
Ausgabe: preisgünstiger vektorgrafik- fähiger Laserdrucker	Postscript-fähiger Laserdrucker

2 1/2 ZIMMER WOHNUNGEN
WOHNFLÄCHE 59,38 qm

Zeichnung des Objektes:

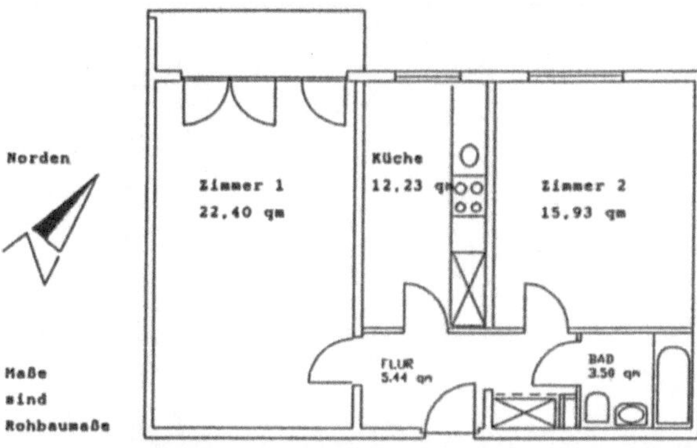

Lage des Objektes:

Berlin 12, Schillerstraße 470
2. Obergeschoß, Wohnung links

Zimmer	20,36 qm	Wohnfläche *
Zimmer	15,93 qm	Wohnfläche *
Kochküche	12,23 qm	Wohnfläche *
Bad mit WC	3,50 qm	Wohnfläche *
Flur, Abstellfläche	7,36 qm	Wohnfläche

*(mit * gekennzeichnet: beheizte Räume)*

insgesamt	59,38 qm	Wohnfläche,
davon beheizt:	44,32 qm	

Wohnungsausstattung

Zentralheizung (Fernwärme), Warmwasserversorgung (Zentral)
Gasherd, 4 Brennstellen; Spülvorrichtung Nirosta; Einbauschrank
Wanne, Waschbecken, WC mit Spülkasten im Bad
Fussbodenbelag: Zimmer, Flur: Teppichboden; Küche, Bad: Fliesen
Fenster: Holz, Isolierglas
Telefonanschluß: vorhanden; Antennen: Fernsehen, Radio
Keller 5 qm; Hausgarten mit 40 qm
Besondere Austattungen:
Aufzug, Wohnungsschlüssel schließt Briefkasten und Mieterkeller,
Waschmaschinenanschluß (Bad), Geschirrspülmaschinenanschluß (Küche)

Baujahr: 1986   **Bezugsfertig ab: 01.09.1987**

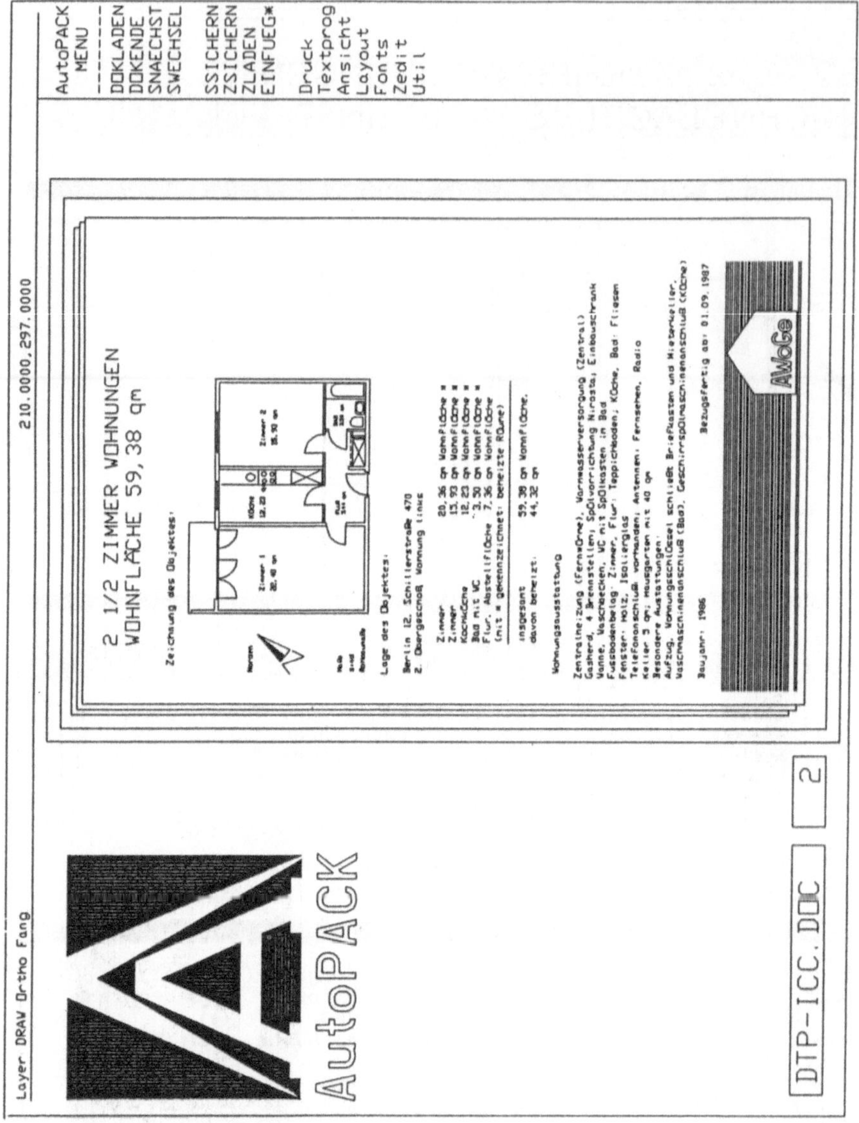

Seitenvorlage des Datenblattes auf dem Grafikmonitor

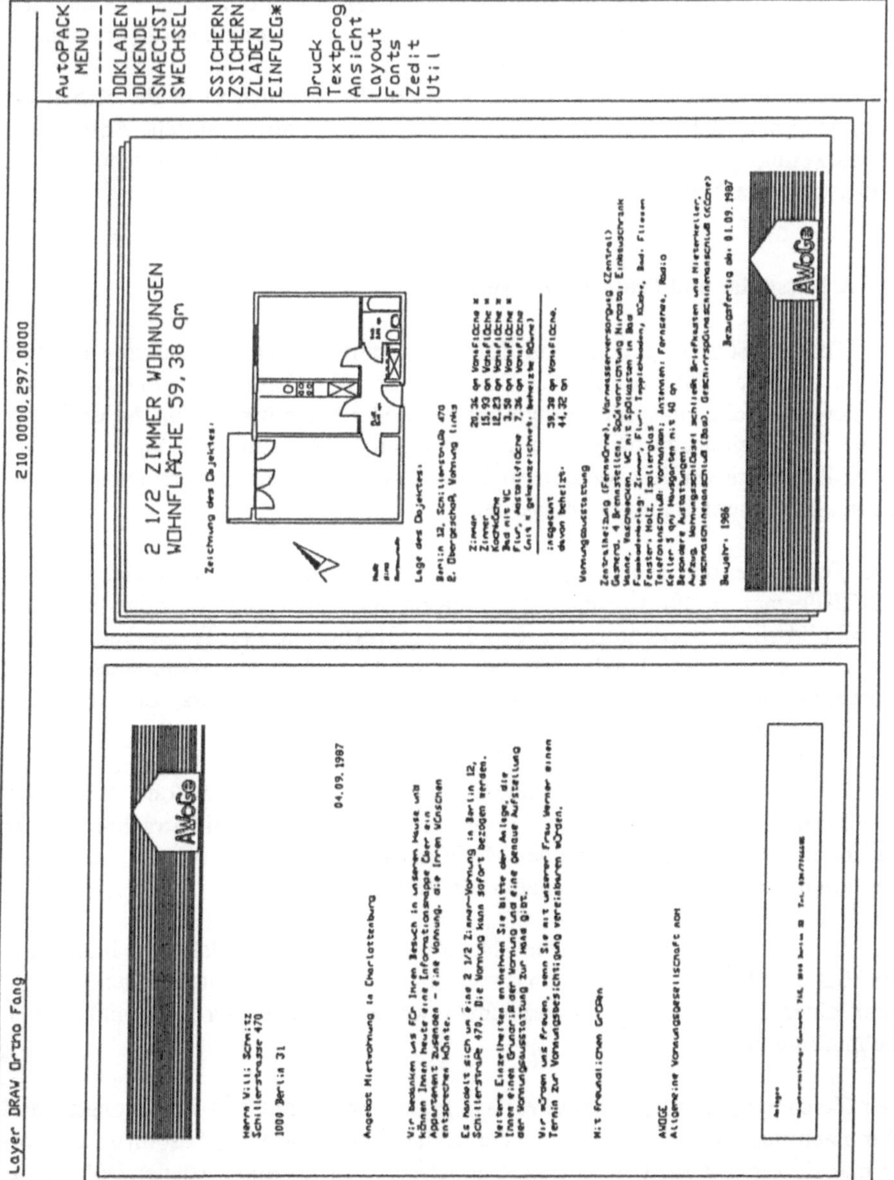

Kontrolle über einen Layoutentwurf durch Doppelseitendarstellung auf dem Grafikmonitor

AutoPACK erlaubt auf diese Weise, bis zur letzten Minute aktuell zu sein und Modifikationen - z.B. bei Individual-Angeboten - sehr schnell vornehmen zu können.

Mit AutoPACK erledigt der Konstrukteur in Zukunft sicherlich nicht die Arbeit der Werbedesigner, aber das Programm bietet die Möglichkeit, daß Technische Abteilungen mit der Marketing-Abteilung, der Konstrukteur mit den Produktdesignern schneller und flexibler zusammenarbeiten können.

5   Die Arbeitsweise und Features von AutPACK

1.   Die Texterfassung ist schon beim Zeichnen, während der Konstruktion möglich, indem der integrierte AutoPACK-Editor (oder z.B. Wordstar) direkt aufgerufen werden kann, ohne das CAD-Programm "schließen" zu müssen. Von der einfachen Notiz über Teilelisten bis hin zu ausführlichen Erläuterungen kann so ein Plan schriftlich dokumentiert werden und für das Layout eines kompletten Text-/ Grafik-Dokumentes vorbereitet werden.

2.   Die Texte, die mit den integrierten AutoPACK-Editor, mit Wordstar oder im ASCII-Format erfaßt worden sind, werden auf einer Seitenvorlage auf dem Grafikbildschirm wiedergegeben. Bei der Konvertierung der Textvorlage werden die Formatierungsmerkmale, die im Texteditor gesetzt wurden, ausgewertet: Seitenumbruch, Seitenränder, Einzüge von Absätzen, Blocksatz, Zeilenabstand, Zeichengröße u.a.m.

3.   Der Benutzer kann nun existierende Zeichnungen einfügen und/oder "im Dokument" zeichnen - vom einfachen Seitenrahmen bis zur Detailbetrachtung einer Zeichnung. Alle Möglichkeiten der Modifikation einer Grafik, die der AutoCAD-Zeichnungseditor bietet, stehen dabei zur Verfügung.

      Der Anwender ist über die genaue Plazierung des Textes auf der Seite informiert. So können z.B. sehr exakt Linien zwischen Zeilen bzw. Kolonnen einer Tabelle oder eines Formularentwurfs gezeichnet werden - mit einer Genauigkeit von Zehntelmillimetern.

4.   Der Zeichnungsinhalt der Seitenvorlage kann sowohl im CAD-Zeichnungsformat (für nachträgliche Modifikationen der Zeichnungen) wie im Laserdrucker-Plotformat für die spätere Druckausgabe gesichert werden - und zwar der Dokumentseite zugeordnet.

5.   Es kann zu beliebigen Seiten des Dokument-Layouts gesprungen werden, um Zeichnungen bzw. Layout-Elemente einzufügen, denn der Seitenumbruch wird in der Textverarbeitung festgelegt. Der Dokumentumfang kann bis zu 999 Seiten betragen.

6.   Ohne die Layoutgestaltung und Seitenmontage verlassen zu müssen, können Zeichnungen mit allen Mitteln des CAD-Zeichnungseditors verändert und manipuliert werden (Verschieben, Kopieren, Löschen, Skalieren, Rotation, Spiegeln etc.).

7. Die Macht der CAD-Zoomfunktion ist voll anwendbar und hervorragend für die Detailbearbeitung der grafischen Gestaltungsmittel und des Layouts geeignet (selbst das Pünktchen auf dem "i" eines Textes kann gezoomt werden). In der Menüleiste "Ansicht" sind häufig benutzte Darstellungen realisiert: Seite gesamt; oberer, mittlerer, unterer Teil der Seite, Doppelseitendarstellung, Mehrseitendarstellung. Von der einen zur anderen Ansicht kann gesprungen werden; stufenweises Zoomen entfällt also.

8. Die Darstellung mehrerer Seiten eines Layouts (z.B. Achtseitendarstellung) ist möglich. Hierdurch kann der Anwender Kontrolle über das Layout behalten, ein Roh-Layout entwerfen oder Zeichnungen und Designelemente aus bereits erstellten Seiten auf die aktuelle Seite übertragen. Die Möglichkeit der Wiedergabe verschiedener Zeichnungen und Gestaltungsmittel in unterschiedlichen Farben erhöht die Übersicht über das Layout.

    Bei der Layoutgestaltung wird der Benutzer unterstütz: Stammseiten, Layout-Vorlagen und grafische Designs, Symbol-Sets, Logos sind - jeweils in beliebiger Anzahl - mit einfachen Befehlen in eine Seitenvorlage einfügbar. Die Angabe der Koordinaten des Einfügepunktes erlaubt absolut exakte Positionierung der Grafiken.

9. AutoPACK druckt den im Textprogramm erfaßten Text mit den Fonts des Laserdruckers. Hierbei stehen u.a. folgende Möglichkeiten der Zeichenauszeichnung - auch kombiniert - zur Verfügung:

- Fettschrift	*- Unterstreichen*	*- Schrift doppelte Höhe*
- Kursivschrift	*- Schattierung*	*- Schrift doppelte Breite*
- Engschrift	*- Inversdruck*	*- Doppelte Höhe und Breite*
- Hoch-/Tiefstellen	*- verschiedene Zeichen- u. Zeilenabstände*	

Außerdem können beliebige CAD-Zeichenfonts benutzt werden, z.B. für Headlines, DIN-Schriften, schräglaufende Schriften. In der Menüleiste "Fonts" sind diese Schriften sofort aktivierbar und der Text läßt sich in der gewählten Schrift eingeben. Dies ist auch eine preisgünstige Lösung für Formeldarstellung.

10. Mit der Ausgabe auf Laserdrucker wird eine hohe Qualität reprofähiger Druckvorlagen erreicht. Kleine und mittlere Auflagen können im Hause erstellt werden.

    Die Druckausgabe auf Laserdrucker - mit einer Auflösung von 300 x 300 Punkten pro Zoll - kann vielfältig gesteuert werden: Ausgabe aktuelle Seite, Ausgabe aktuelles Dokument gesamt oder ausgewählte Seiten daraus, Reprint eines bereits abgeschlossenen Text-/Grafik-Dokumentes. Vorgabe Anzahl Kopien, Erstellung beidseitig bedruckter Dokumente in einem Zuge, Druck in eine Datei.

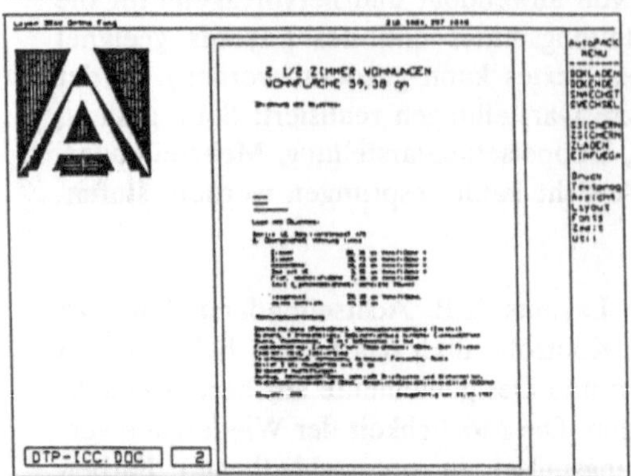

Arbeitsweise von AutoPACK

Der Text der Seite eines
Dokumentes wird auf dem
Grafikmonitor in der
A4-Seitenvorlage wiedergegeben

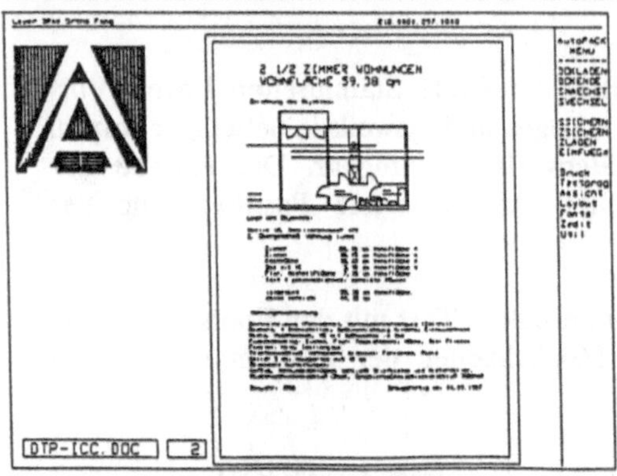

Eine existierende Zeichnung
- ein Wohnungsgrundriß -wird
eingefügt

Ein Seitenrahmen, ein Symbol und
ein Logo werden in die Seitenvorlage eingefügt bzw. dort
mit den Mitteln des
CAD-Zeichnungseditors gezeichnet.

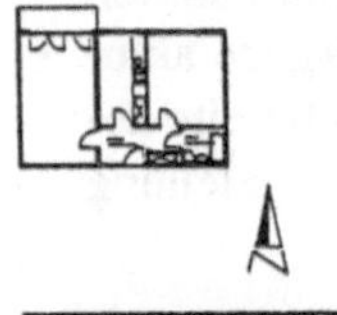

Beispiele für eingefügte Zeichnungen
und Gestaltungselemente:
links:
- CAD-Zeichnung (Wohnungsgrundriß)
- Symbol (Norden-Symbol)
- Logo-Design (wiederholt im Dokument
  verwendet)
rechts:
- Stammseite (Seitenrahmen, wiederholt
  im Dokument verwendet)

Die Geschwindigkeit der Druckausgabe ist optimiert

- durch die Vektorgrafikfähigkeit des Laserdruckers,
- durch die Textwiedergabe mit den implementierten Fonts des Laserdruckers.

11. Textdateien lassen sich in den Schriftstilen des CAD-Zeichnungseditors in Grafiken einfügen. Dies erhöht im CAD-Programm die Effektivität der Texteditierung und -formatierung und kann für die Ausgabe auf Plotter oder Matrixdrucker - z.B. für größere Papierformate (bis DIN A0) oder farbige Ausgaben genutzt werden.

DTP im universitären Bereich

Uwe Pape, Berlin

Universitäten sind seit Jahrzehnten nicht nur forschend und entwickelnd im technologischen Bereich tätig, sie sind auch Nutzer moderner Technologien. Allerdings werden Universitäten sehr häufig durch finanzielle Restriktionen in enge Grenzen gewiesen.

Mainframe-Rechner gehören seit Ende der 50er Jahre zur Grundausstattung der Universitäten. Auf den Einsatz dieser Rechner konzentriert sich von Beginn an die Forschung in nahezu allen denkbaren Anwendungs-Disziplinen. Mini-Rechner, wie sie in der kommerziellen Datenverarbeitung weite Verbreitung gefunden haben, konnten verständlicherweise keinen Eingang in Universitäten finden. Dagegen sind Prozeßrechner in den ingenieurwissenschaftlichen Fachbereichen weit verbreitet.

Mit dem Aufkommen von Personalcomputern und Arbeitsplatzrechnern wurden nicht nur neue Technologien nutzbar, auch bislang unbekannte Software-Anwendungen, bislang nur in Informatik-Fachbereichen und im außeruniversitären Bereich bekannt, wurden von heute auf morgen zugänglich. Hierzu gehörte neben der Tabellen-Kalkulation auch die Textverarbeitung.

Die Textverarbeitung war an Universitäten nichts grundsätzlich neues. Flexowriter und Skript-Programme waren aus der Datenverarbeitung bekannt und wurden insbesondere zur Herstellung von Skripten, Diplom-Arbeiten und Dissertationen eingesetzt. Ihre Anwendung konzentrierte sich aber auf jene Fachbereiche, die auch in ihrer wissenschaftlichen Arbeit mit diesen Medien bereits vertraut waren.

Mit Personal Comutern und Textsystemen änderte sich das Interesse an der Textverarbeitung schlagartig. Zwar behinderten anfänglich Initiativen gegen Bildschirmarbeitsplätze die Anschaffung solcher Systeme und die erforderlichen Schulungsmaßnahmen; diese Epoche kann aber endgültig der Vergangenheit zugerechnet werden. Seit mehreren Jahren gibt es kaum ein Institut, das nicht für seine unterschiedlichsten Aufgaben Personal Computer und Workstations einsetzt - nicht zuletzt für die Textverarbeitung.

Die Ansprüche an die eingesetzte Software sind sehr unterschiedlich. In den meisten Fällen gaben Kostengesichtspunkte den Ausschlag. So findet man oft alte Versionen von WordStar oder MS-Word; nur in Informatik-Fachbereichen sind die neuesten und auch deutschen Versionen im Einsatz. Die Anforderungen an die Qualität waren nie sehr hoch, gilt doch auch heute noch mehr das *was* als das *wie*. So kam es beispielsweise bei der Erstellung von Skripten eigentlich nie sehr auf die Qualität an - Hauptsache, sie waren lesbar.

Mit der wirtschaftlich bedingten Öffnung der Universitäten gegenüber der Industrie änderte sich diese Einstellung sehr schnell. Seltsamerweise traf dieses Umdenken fast auf das Jahr genau mit dem verstärkten Einsatz der Textverarbeitung und dem Bekanntwerden von Desktop Publishing zusammen. Plötzlich war man bestrebt, alle Dokumente, die an Adressaten außerhalb der Universität gerichtet waren, mit einem besonders anspruchsvollen Layout zu erstellen. Das in der heutigen Gesellschaft oft herrschende Prestige-Denken gewann auch hier die Oberhand.

Der Einsatz der Textverarbeitung und des Desktop Publishing hat allerdings auch seine positiven Seiten. In Disziplinen, deren Wissenschaftsinhalte einer ständigen Weiterentwicklung unterworfen sind, haben Bücher und Skripte nur eine kurze Lebensdauer - ein Grund, daß oft nur wenige Lehrbücher geschrieben werden und statt dessen Skripte für einen wesentlich geringeren Preis an Studenten ausgegeben werden.

Durch die Verwendung von Schrifttypen, die dem Laien bislang nur aus dem Buchdruck bekannt waren, gewinnen Texte - ich denke zum Beispiel an Forschungsanträge - zudem ein anspruchsvolleres Aussehen, und durch vielfältige Möglichkeiten der Auszeichnung erhöht sich ihre Lesbarkeit. Dem Desktop Publishing kommt hier eine besondere Bedeutung zu.

Im folgenden sollen die Einsatzmöglichkeiten des Desktop Publishing und die Möglichkeiten der Nutzung in den drei Bereichen Lehre, Forschung und Verwaltung ausführlicher dargestellt werden.

Lehre

Das wichtigste Verwendungsfeld des Desktop Publishing ist die Erstellung von **Skripten**. Die mit einem Textsystem editierten Texte können von einem Semester zum anderen überarbeitet werden. Sie können damit ohne großen Aufwand den Erfordernissen an die Lehre angepaßt werden. Dies gilt nicht nur für Änderungen im Lehrstoff, sondern auch für neue Übungsaufgaben.

Durch den Einsatz von DTP kann der Umfang der Skripte erweitert werden, zum einen durch Zugewinn an Zeit, zum anderen durch eine bessere Ausnutzung des Papiers und der in der Regel beschränkten Kopierkapazität.

Werden **Musterlösungen** in Skripte integriert, so können beispielsweise Programm-Listings und Ausgabe-Protokolle von Großrechnern bei vorhandener Rechner-Kopplung unmittelbar in den Text übernommen werden. Das oft umständliche Handling läßt diese Vorgehensweise nur bei komplexen Programmen und umfangreichen Datenbeständen sinnvoll erscheinen, beispielsweise bei Lehrveranstaltungen zur Simulation.

Desktop Publishing erhält seine Existenzberechtigung erst durch die Integration von **Abbildungen**. Lehrmaterialien an Universitäten enthalten aber in der Regel viele Abbildungen und Diagramme, um Texte wirkungsvoller darzustellen. Desktop

Für wen?
Architekten • Autoren • Dozenten / Referenten • Drucker
Setzer • Forscher / Entwickler • Grafik-Designer
Hoteliers / Restaurantmanager • Ingenieure • Makler
Manager • Marketingspezialisten • Meinungsforscher
Organisatoren • PR-Pressemanager • Sekretärinnen
Technische Zeichner • Unternehmensberater • Verleger
Vereins- / Verbandsmitarbeiter • Werbekaufleute
Zeitungsredakteure / Journalisten ...
Setzen und Gestalten am Bildschirm
Desktop Publishing Kongreß
Veranstalter:
Technische Universität Berlin
Informationszentrum Bürokommunikation
Prof. Dr. Uwe Pape
Organisation:
catalyst GmbH, Berlin
in Verbindung mit büro-data
Ausstellung der Bürowirtschaft
Berlin '87 14.-17. Oktober
ICC Berlin
15. - 17. Oktober 1987
Kongreßteil A
Einführung in Desktop Publishing (DTP)
DTP zwischen Textverarbeitung und Satztechnik
Welches System für welche Anwendung
Wirtschaftlichkeit
Ein- und Ausgabegeräte
Gestaltung und Seitenaufbau
Publishing on Demand
Video-Demonstrationen
Kongreßteil B
Desktop Publishing für Berufsgruppen
Dienstleistungsberufe
Führungskräfte
Grafik-Designer
Ingenieure
Setzer
Desktop Publishing in den USA
Kompaktworkshops
Zusätzlich praktische Übungen
auf den Messeständen
verschiedener Aussteller
der büro-data
Bitte Coupon senden an:
Information: Telefon 030 / 305 20 55 • Ihre Ansprechpartner: Frau Hall / Herr Orschel • Bitte Coupon senden an:
catalyst Gesellschaft für Informationsverarbeitung und Organisation • Fürstenplatz 3 • 1000 Berlin 19
Ich bitte um Zusendung von Informationen über den Kongreß
Name
Firma
Anschrift

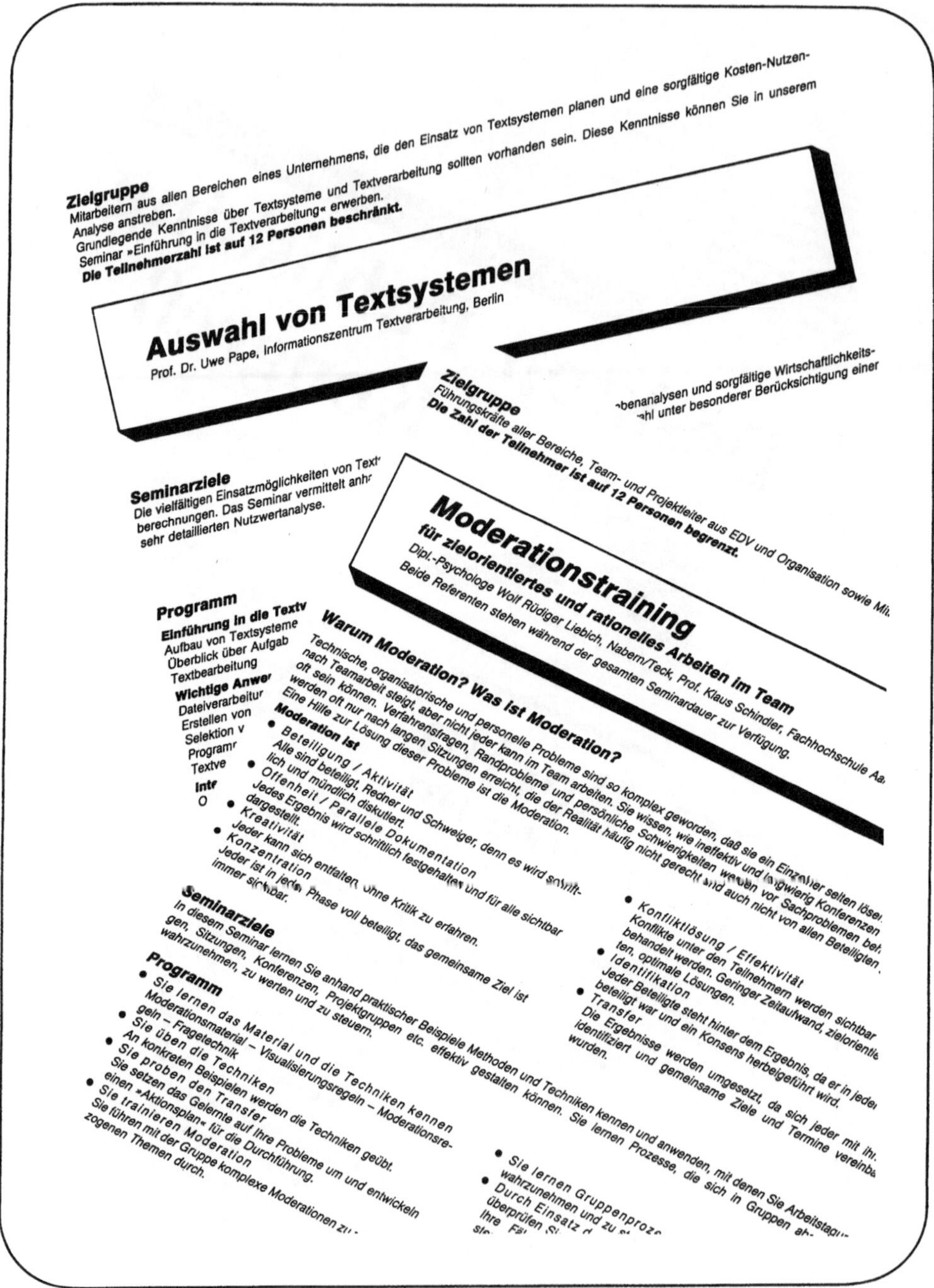

Zielgruppe
Mitarbeitern aus allen Bereichen eines Unternehmens, die den Einsatz von Textsystemen planen und eine sorgfältige Kosten-Nutzen-Analyse anstreben.
Grundlegende Kenntnisse über Textsysteme und Textverarbeitung sollten vorhanden sein. Diese Kenntnisse können Sie in unserem Seminar »Einführung in die Textverarbeitung« erwerben.
Die Teilnehmerzahl ist auf 12 Personen beschränkt.

Auswahl von Textsystemen
Prof. Dr. Uwe Pape, Informationszentrum Textverarbeitung, Berlin

Zielgruppe
Führungskräfte aller Bereiche, Team- und Projektleiter aus EDV und Organisation sowie Mit.
Die Zahl der Teilnehmer ist auf 12 Personen begrenzt.

benanalysen und sorgfältige Wirtschaftlichkeits-
ahl unter besonderer Berücksichtigung einer

Seminarziele
Die vielfältigen Einsatzmöglichkeiten von Text
berechnungen. Das Seminar vermittelt anh
sehr detaillierten Nutzwertanalyse.

Moderationstraining
für zielorientiertes und rationelles Arbeiten im Team
Dipl.-Psychologe Wolf Rüdiger Liebich, Nabern/Teck, Prof. Klaus Schindler, Fachhochschule Aa.
Beide Referenten stehen während der gesamten Seminardauer zur Verfügung.

Programm
Einführung in die Textv
Aufbau von Textsysteme
Überblick über Aufgab
Textbearbeitung
Wichtige Anwe
Dateiverarbeitur
Erstellen von
Selektion v
Programr
Textve
Inte
o

Warum Moderation? Was ist Moderation?
Technische, organisatorische und personelle Probleme sind so komplex geworden, daß sie ein Einzelner selten löser
nach Teamarbeit steigt, aber nicht jeder kann im Team arbeiten. Sie wissen, wie ineffektiv und langwierig Konferenzen
oft sein können. Verfahrensfragen, Randprobleme und persönliche Schwierigkeiten werden vor Sachproblemen bei
werden oft nur nach langen Sitzungen erreicht, die der Realität häufig nicht gerecht und auch nicht von allen Beteiligten
Eine Hilfe zur Lösung dieser Probleme ist die Moderation.

Moderation ist
• Beteiligung / Aktivität
Alle sind beteiligt, Redner und Schweiger, denn es wird schrift-
lich und mündlich diskutiert.
• Offenheit / Parallele Dokumentation
Jedes Ergebnis wird schrittlich festgehalten und für alle sichtbar
dargestellt.
• Kreativität
Jeder kann sich entfalten, ohne Kritik zu erfahren.
• Konzentration
Jeder ist in jeder Phase voll beteiligt, das gemeinsame Ziel ist
immer sichtbar.

• Konfliktlösung / Effektivität
Konflikte unter den Teilnehmern werden sichtbar
behandelt werden. Geringer Zeitaufwand, zielorientie
ten, optimale Lösungen.
• Identifikation
Jeder Beteiligte steht hinter dem Ergebnis, da er in jede
beteiligt war und ein Konsens herbeigeführt wird.
• Transfer
Die Ergebnisse werden umgesetzt, da sich jeder mit ih
identifiziert und gemeinsame Ziele und Termine vereinb
wurden.

Seminarziele
In diesem Seminar lernen Sie anhand praktischer Beispiele Methoden und Techniken kennen und anwenden, mit denen Sie Arbeitstag
gen, Sitzungen, Konferenzen, Projektgruppen etc. effektiv gestalten können. Sie lernen Prozesse, die sich in Gruppen ab
wahrzunehmen, zu werten und zu steuern.

Programm
• Sie lernen das Material und die Techniken kennen
Moderationsmaterial – Visualisierungsregeln – Moderationsre-
geln – Fragetechnik
• Sie üben die Techniken
An konkreten Beispielen werden die Techniken geübt.
• Sie proben den Transfer
Sie setzen das Gelernte auf Ihre Probleme um und entwickeln
einen »Aktionsplan« für die Durchführung.
• Sie trainieren Moderation
Sie führen mit der Gruppe komplexe Moderationen zu
zogenen Themen durch.

• Sie lernen Gruppenproze
wahrzunehmen und zu st
• Durch Einsatz d
überprüfen Sie
Ihre Fä
sie

Publishing ermöglicht ein schnelles und anspruchsvolles Einbinden von Grafiken in Texte, beispielsweise aus GEM Draw oder AutoCAD.

Texte, die mit Schrifttypen wie Times und Garamond ausgedruckt werden, erhöhen die Lesbarkeit und fördern die **Motivation** der Studenten. Dies ist heute in einer Zeit der Überbeanspruchung durch Umwelt- und Medieneinflüsse ein nicht zu unterschätzendes Argument.

Eine graphisch anspruchsvolle Aufbereitung der Texte erfordert aber Schulung und fortwährende Übung. Hier kann DTP die **Produktivität** der Mitarbeiter steigern, die die Skripte erstellen oder überarbeiten. DTB bietet aber keine Entlastung. Sekretärinnen werden insgeheim zu Amateur-Graphikerinnen und -Layouterinnen umgeschult.

Im Hauptstudium wird das rezeptive Lernen durch weit produktivere Arbeit, vor allem in **Seminaren**, ergänzt. Zu den Seminarvorträgen sind Ausarbeitungen zu erstellen, die an Mitstudenten ausgeteit werden und bereits didaktisch aufbereitet sein sollten.

In allen Formen heutiger Lehrveranstaltungen, von Vorlesungen bis zu Doktoranden-Seminaren, haben sich Overhead-Projektoren durchgesetzt. Die Darstellung von Lehrinhalten auf **Overhead-Folien** ist zu einem wichtigen Werkzeug des Vortrags geworden. Es ist allgemein bekannt, daß eine wirkungsvolle Präsentation durch Folien einen hohen didaktischen Wert besitzt. Für einen typographisch und bildlich guten Aufbau dieser Folien ist DTP zu einer unverzichtbaren Hilfe geworden.

In ingenieurwissenschaftlichen Institutionen sind der Einsatz technischer Anlagen und die Benutzung von Produkten zu dokumentieren. Diese **Handbücher** enthalten in der Regel eine Kombination von Text und Grafiken, so daß DTP-Software sehr häufig eingesetzt wird.

Universitäre Institute werden, wenn sie durch vorbildliche Lehre und interessante Kongresse bekannt geworden sind, auch für die außeruniversitäre Lehre herangezogen. **Firmen-Seminare** sind ein beliebtes Betätigungsfeld von Wissenschaftlern, die ihre Aktivitäten über die Grenzen ihres Institutes ausdehnen möchten.

Gleiches gilt für die Lehre in Partner-Universitäten. Partnerschaften mit anderen Universitäten ermöglichen den Aufbau spezieller Seminare, für die DTP als wirkungsvolles Gestaltungsmittel herangezogen werden kann.

Forschung

Ein interessantes Feld für den Einsatz von DTP ist die universitäre Forschung. Forschung wird vorwiegend in Zusammenenarbeit mit Drittmittelgebern (BMFT, DFG, Volkswagenstiftung u.a.) durchgeführt, kann aber auch in direkter Kooperation mit Anwendern verwirklicht werden, ohne daß Gelder über den Universitätshaushalt fließen.

In beiden Fällen müssen Hochschullehrer **Forschungsanträge** stellen, die entweder von Gutachtergremien oder Sachverständigen aus der Anwendung geprüft werden. Das äußere Erscheinungsbild eines Forschungsantrags ist ganz entscheidend für den Ausgang des Prüfverfahrens.

Im Verlauf von Forschungsprojekten sind **Forschungsberichte** zu erstellen. Hierin ist gegenüber den Geldmittelgebern Rechenschaft über die Verwendung der Mittel abzulegen und über das Forschungs- und Entwicklungsergebnis zu berichten. Es versteht sich von selbst, daß die Projektleiter bestrebt sind, ihre Ergebnisse publikumswirksam darzustellen, nicht zuletzt, um dadurch die Fortsetzung von Forschungsprojekten zu beeinflussen. DTP ist verständlicherweise ein wirksames Mittel, den Ausgang von Projektverhandlungen positiv zu beeinflussen.

Nicht selten sind Forschungsergebnisse so bedeutsam, daß sie der Öffentlichkeit zugänglich gemacht werden sollten. Hier ist der traditionelle Satz ein viel zu teures Medium. Die Abfassung von Forschungsberichten mit DTP ermöglicht dagegen die unmittelbare Umsetzung in Publikationen. Die zusätzlich anfallenden Kosten sind vergleichsweise minimal.

Was für die direkte Umsetzung von Forschungsberichten in Veröffentlichungen zutrifft, gilt auch für andere Publikationen, die aus der Forschung erwachsen. Hierzu gehört zum Beispiel die Veröffentlichung von **Dissertationen**. Doktorarbeiten müssen, sofern kein Verlag diese Aufgabe übernimmt, entweder in einer Mindestauflage von 150 Stück auf Kosten des Doktoranden gedruckt oder auf Mikrofiche zur Verfügung gestellt werden. In beiden Fällen, und zunehmend auch bei Übernahme des Manuskriptes durch einen Verlag, ist eine hochwertige Druckvorlage erforderlich. Da Studenten heute in der Regel Zugang zu Textsystemen haben, können die hiermit erstellten Texte leicht in DTP-Systeme übernommen werden.

Nicht zuletzt ist auch die **Gutachtertätigkeit** von Hochschullehrern unter dem Gesichtspunkt der Wirksamkeit beim Auftraggeber zu beurteilen. Derartige Aufgaben stehen häufig im Zusammenhang mit der Anwerbung von Forschungsprojekten und bedürfen einer drucktechnisch hochwertigen Aufmachung.

Ein mit der Erstellung von Handbüchern vergleichbares Anwendungsfeld von DTP ist die **Dokumentation** von Software-Entwicklungen. In Informatik-Fachbereichen ist die Forschung nicht selten mit Entwicklungsprojekten gekoppelt. An Universitäten entstandene Softwarepakete stehen immer mehr in Konkurrenz zu kommerziell entwickelten Produkten. Eine gute Dokumentation ist in beiden Fällen unerläßlich. Hier ist DTP ein Werkzeug, übersichtliche und verläßliche Benutzer-Handbücher zu erstellen.

Verwaltung

Zu den universitären Verwaltungsaufgaben gehören zunächst alle Tätigkeiten der Zentralen Universitätsverwaltung.

Die den verschiedenen Referaten (Personalwesen, Finanzen, Bauwesen etc.) zugeordne-

Anlage A

zum Antrag von

Prof. Dr. Johann Adolarius Papenius
Institut für Angewandte Informatik
Technische Universität Berlin
Franklinstraße 28-29
1000 Berlin 10

**Algorithmen zur Tourenplanung
unter besonderer Berücksichtigung
der Mäusezucht in der Antarktis**

1. Wissenschaftliche Problemstellung

Die Anwendung der im Einsatz befindlichen Tourenplanungssysteme (z.B. INTERTOUR) ist auf Standardprobleme mit depotbezogenen Aufträgen und Verteil- oder Sammelaufgaben beschränkt. Die Tourenplanung wird aber zunehmend auch im gewerblichen Güterfernverkehr eingesetzt.

Bis heute haben sich vorwiegend Großunternehmen (z.B. Unilever) für den Einsatz von Tourenplanungssystemen entschließen können. Die Kostenentwicklung im Hardware-Bereich ermöglicht seit kurzem auch Klein- und Mittelbetrieben den Einsatz solcher Systeme. Dies scheitert jedoch an der Komplexität der verfügbaren Software, die auf Personal Computern und kleinen Workstations nicht einsatzfähig ist. Hier ist eine Verbesserung von Planungsalgorithmen dringend erforderlich.

Aus der Erfahrung mit den heute bekannten Systemen und Algorithmen ergeben sich auch neue Anforderungen an die Optimierung von Touren und an die Planung des Fahrzeugeinsatzes im speditionellen Fernverkehr. Typisch für diese Aufgabenstellung sind Aufträge mit beliebigen Von-Nach-Beziehungen und Touren, die nicht zum Ausgangs-Depot zurückkehren.

Die Aufgabe lautet: Ausgehend von Speditionsaufträgen von A_i nach B_i, die dem System in zeitlicher Reihenfolge übermittelt werden, sind Ladungen so zu Touren zusammenzustellen, daß die Gesamtkosten minimiert werden. Eine optimale manuelle Planung ist so gut wie unmöglich, weil neben den **Grundannahmen**

- mehrere Versender,
- mehrere Empfänger,
- mehrere Depots und
- mehrere Klassen von Transportfahrzeugen

zahlreiche **Restriktionen** berücksichtigt werden müssen, so beispielsweise

- Zeitfenster bei den Versendern,
- Zeitfenster bei den Empfängern,
- Kapazitätsbeschränkungen bei den Fahrzeugen,
- auftragsbezogene Termine (Eilaufträge, Kühlladung),
- arbeitsrechtliche Einschränkungen bei mehrtägigen Touren und
- Aufspaltung von Ladungen in Teilladungen u.ä.

ten **Kanzleien** sollten weitgehend auf Textverarbeitung umgestellt sein, weil hier sehr häufig oft wiederkehrende Texte und Textbausteine auftreten. DTP hat im internen Bereich jedoch kein Anwendungsfeld, weil für das Gestalten der Druckvorlagen nur unnötig viel Zeit erforderlich ist.

Zentrale Universitätsverwaltung schließt aber auch Bereiche ein, in denen Öffentlichkeitsarbeit eine große Rolle spielt und wo DTP schnell zum unverzichtbaren Werkzeug werden kann. Dies gilt einmal für das **Präsidialamt**, in dem unter anderem die Außenbeziehungen gepflegt werden: Partnerschaften zu anderen Universitäten, Tagungen und Kongresse sowie Messen und Ausstellungen sind einige typisches Beispiele für den DTP-Einsatz.

Im Präsidialamt ist auch das Referat für **Presse und Information** angesiedelt. Hier werden nicht nur Pressemitteilungen vorbereitet und verschickt; dem Pressereferat obliegt auch die Erstellung von Publikationen - Universitäts-Zeitungen und Zeitschriften mit Forschungsberichten. Eine Universität ist auch verantwortlich für die Weiterbildung ihrer eigenen Mitarbeiter. Für interne Seminarprogramme bietet sich DTP geradezu an.

Seit der Öffnung der Universitäten gegenüber Industriepartnern werden Präsidialämter nicht müde, technologische Zusammenarbeit und **Technologie-Transfer** anzubieten. Dies ist vor allem für Technische Universitäten uun deren ingenieurwissenschaftliche Fachbereiche von Bedeutung. Hier geht es um den Aufbau von Kontakten zu potentiellen Partnern in der Wirtschaft, um die Förderung von Kooperationsbemühungen und um die Vermittlung forschungsbezogener Zusammenarbeit. Die Institute erhalten in hierfür gestalteten Broschüren, oft in Verbindung mit **Messen**, die Möglichkeit der Selbstdarstellung. DTP ist ein Werkzeug, solche Broschüren für den Druck vorzubereiten. Ergänzungen hierzu können im Sinne des Publishing on Demand jederzeit nachgereicht werden, ohne daß derartige Schriftstücke dilettantisch erscheinen.

Mehrere Universitäten, unter anderem auch die TU Berlin, verstehen sich seit mehreren Jahren als Katalysator für **Firmengründungen**. So entstand in enger Anlehnung an die Technologie-Transferstelle der TU Berlin das Berliner Innovations- und Gründerzentrum (BIG). Hier ist vielseitiges und qualitativ hochwertiges **Prospektmaterial** erforderlich, zu dessen Herstellung DTP herangezogen werden kann. Das dynamische Verhalten solcher Gründerzentren fordert wie Technologie-Transfer-Stellen eine flexible Drucksachen-Erstellung.

Universitäre Verwaltung betrifft aber auch die Fachbereiche und Institute. **Formulare** bei der Erfassung von Studentendateien, **Anmeldebögen** für Studien- und Diplomarbeiten sowie **Anträge** und **Beschlußvorlagen** für Gremiensitzungen sind nur drei Beispiele, bei denen DTP sinnvoll eingesetzt werden kann. Besonders wichtig wird DTP, wenn Texte einander gegenübergestellt und miteinander verglichen werden müssen. Eine unterschiedliche Typografie kann das Erkennen von Abweichungen in diesen Texten unterstützen.

Ein besonders interessantes Beispiel ist die oft über viele Jahre sich erstreckende Erstellung von Studien- und Prüfungsordnungen für Diplom- und Doktorprüfungen.

§ 6 - Beurteilung der Dissertation

(1)   Die Gutachten sollen binnen vier Monaten nach Eröffnung des Promotionsverfahrens dem Fachbereichssprecher vorliegen. Fristüberschreitungen sind ihm schriftlich anzuzeigen und zu begründen. Der Fachbereichssprecher leitet die Gutachten unverzüglich nach Eingang an die Mitglieder des Promotionsausschusses weiter. Bei langdauernder Verhinderung eines Berichters bemüht sich der Fachbereichsrat auf Antrag des Bewerbers um einen anderen Berichter.

(2)   Beurteilen beide Berichter oder bei einer Gruppenpromotion mindestens zwei Berichter die Dissertation als nicht ausreichend, so ist die Promotion nicht bestanden. Beurteilt einer von zwei Berichtern die Dissertation als nicht ausreichend, so ist vom Fachbereichsrat im Benehmen mit dem Promotionsausschuß und dem Bewerber ein weiterer nach Möglichkeit auswärtiger Berichter zu bestellen. Beurteilt dieser Berichter die Dissertation mindestens als ausreichend, so wird das Promotionsverfahren fortgeführt. Der weitere Berichter soll nach Möglichkeit weiteres Mitglied des Promotionsausschusses werden.

(3)   Die Gutachten müssen eine inhaltliche Würdigung und eine Bewertung enthalten und entweder die Annahme oder die Ablehnung der Dissertation empfehlen.

Die inhaltliche Würdigung muß eine allgemeine Einordnung des Themas in einem größeren Sachzusammenhang, ein kurzes Referat der Ergebnisse der Arbeit, eine Darstellung und Abwägung der Mängel und Vorzüge sowie eine abschließende Gesamtbeurteilung unter Berücksichtigung des in der Arbeit geleisteten Beitrags zur Forschung enthalten. Die Berichter sollen dem Bewerber ihre etwaigen Einwände vor der Erstellung ihrer Berichte zur Kenntnis bringen, um ihn dadurch Gelegenheit zu Ergänzungen oder kleineren Änderungen der Dissertation zu geben. Ergänzungen und Änderungen sind nur in einem Umfang zulässig, der keine Neubewertung der Arbeit notwendig macht.

§ 6 - Beurteilung der Dissertation

(1)   Die Gutachten sollen binnen vier Monaten nach Eröffnung des Promotionsverfahrens dem Fachbereichssprecher vorliegen. Fristüberschreitungen sind ihm schriftlich anzuzeigen und zu begründen. Der Dekan leitet die Gutachten unverzüglich nach Eingang an die Mitglieder des Promotionsausschusses weiter. Bei langdauernder Verhinderung eines Berichters bemüht sich der Fachbereichsrat auf Antrag des Bewerbers um einen anderen Berichter.

(2)   Beurteilen zwei Berichter die Dissertation als nicht ausreichend, so ist die Promotion nicht bestanden. Beurteilt einer der Berichtern die Dissertation als nicht ausreichend, so ist vom Dekan ein weiterer nach Möglichkeit auswärtiger Berichter zu bestellen. Beurteilt dieser Berichter die Dissertation mindestens als ausreichend, so wird das Promotionsverfahren fortgeführt. Der Dekan kann auch in sonstigen Fällen, wenn er dies nach Vorlage der Gutachten als erforderlich ansieht, einen weiteren Berichter bestellen. Der weitere Berichter soll Mitglied des Promotionsausschusses werden.

(3)   Die Gutachten müssen eine inhaltliche Würdigung und eine Bewertung enthalten und entweder die Annahme oder die Ablehnung der Dissertation empfehlen.

Die inhaltliche Würdigung muß eine allgemeine Einordnung des Themas in einem größeren Sachzusammenhang, ein kurzes Referat der Ergebnisse der Arbeit, eine Darstellung und Abwägung der Mängel und Vorzüge sowie eine abschließende Gesamtbeurteilung unter Berücksichtigung des in der Arbeit geleisteten Beitrags zur Forschung enthalten.

|---------|
Der Dekan leitet Kopien der Gutachten unverzüglich nach Eingang an die Mitglieder des Promotionsausschuses sowie an den Doktoranden zur persönlichen Kenntnisnahme weiter.

|---------|
Beurteilen zwei Berichter oder bei einer Gruppenpromotion mindestens zwe Berichter

|---------|
Entfällt

Synopse von Prüfungsordnungen (Ausschnitt)

Hier ist nicht selten ein Erstellen von **Synopsen** erforderlich, um die Ordnungen mit denen anderer Fachbereiche und mit älteren Ordnungen desselben Fachbereichs vergleichen zu können. Abweichungen müssen typografisch kenntlich gemacht werden, um zentralen Universitätsgremien und außeruniversitären Gremien eine Entscheidungsvorbereitung anzubieten.

Zusammenfassung

Desktop Publishing ist besonders gut geeignet, die vielfältigen publizistischen Aufgaben einer Universität zu unterstützen. Dies gilt insbesondere für solche Anwendungsbereiche, in denen Text und Grafik kombiniert auftreten.

DTP ist preiswert, erfordert aber Kenntnisse aus der Satztechnik und aus dem grafischen Bereich. Eine längere Schulung der mit DTP betrauten Mitarbeiter ist unvermeidbar.

Kommt man ohne Grafiken aus, so ist die Anschaffung eines Textsystems (z.B. MS-Word) mit Schriftsätzen wie Times und Helvetica ausreichend. Die so vehement gepriesene Flexibilität ist ohne DTP jedoch nicht zu erzielen.

Umstellungserfahrungen auf DTP

Ellen Schreiner, Berlin

Wer die rasent schnelle Entwicklung des Dektop Publishings seit der CeBIT 86 beobachtet hat, kann sich sicher vorstellen, daß eine derartige Umstellung nur mit Pioniergeist vorzunehmen ist. Heute ist eine Umstellung auf Desktop Publishing unkomplizierter, weil hard- und softwaretechnisch neue und leistungsfähigere Werkzeuge vorhanden sind als noch 1986.

1.1 Investitionsstufen des DTP

Will man künftig mit Desktop Publishing-Systemen produzieren, so sollte man sich darüber klar werden, daß es die erforderliche Hard- und Software in mehreren Konfigurationen und zu unterschiedlichen Investitionsvolumina gibt: von 10.000 DM bis über 20.000 DM für komplette Desktop Publishing-Systeme.

In der ersten Investitionsstufe investiert z.B. ein Schreibbüro ab 10.000 DM in eine Konfiguration bestehend aus Computer, Matrix-Drucker und ein entsprechendes Textverarbeitungsprogramm und betreibt damit DTP in der einfachsten Form. In dieser Investitionsstufe kann jedoch noch nicht ein höherer Anspruch an die Druckqualität gestellt werden. Die Produkte sehen aus, wie man sie von den herkömmlichen Computersystemen her kennt.

Einen Ausdruck, den man nur bei genauerer Betrachtung von einem gesetzten und gedruckten Produkt unterscheiden kann, wird erst durch einen Laserdrucker als Endausgabegerät möglich. Für die nächste Stufe muß der Investor etwa weitere 10.000 DM kalkulieren. Dafür erhält er einen Computer mit Laserdrucker und entsprechende Programme für die Textverarbeitung, Grafik und das Seitenlayout (Umbruchprogramm).

In dieser Konfiguration können schon fast alle Anwendungen des Dektop Publishings umgesetzt werden. Der professionelle Anwender wird während der Arbeit jedoch schnell an die Grenzen dieser Konfiguration stoßen. Bald wird eine höhere Speicherkapazität und eine schnellere Arbeitsgeschwindigkeit gewünscht und damit die Investition in eine Festplatte und eine Hauptspeichererweiterung notwendig. Gegebenenfalls wird auch die Anschaffung neuer oder verbesserter Software erforderlich. Schnell werden weitere Kosten für Hard- und Software investiert, um vor allem die Produktivität des vorhandenen Systems zu steigern, also um schnelleres, komfortableres und weitere DTP-Anwendungen abdeckendes Arbeiten zu ermöglichen. Es wird also in die Leistungssteigerung der DTP-Konfiguration investiert.

Die nächst höhere Investitionsstufe ist mit der Anschaffung eines Fotosatzbelichters erreicht. Die Konfiguration Computer + Laserdrucker + Fotosatzbelichter (Linotype 100) + Entwickler + Programme ist heute mit mindestens 140.000 DM zu kalkulieren.

Mit dieser Konfiguration erzielt man in der Qualität der Endausgabe die nächst höhere Stufe, d.h. die mit Hilfe von Computer und Programmen erstellten Dokumente können auf Fotopapier oder Film mit konventioneller Fotosatzauflösung belichtet werden. Durch die Investition in einen Fotosatzbelichter mit entsprechendem Raster Image Processor wird die Qualität des Endproduktes gesteigert. Außerdem werden größere Formate möglich.

Für einen Bisher-Nicht-Fotosatzanwender wird es außerdem erforderlich, sich mit dem Problemfeld der chemischen Entwicklung der Fotomaterialien zu beschäftigen, einschließlich deren Entsorgung.

Will man alle qualitativen und quantitativen Ansprüche abdecken, die mit Desktop Publishing befriedigt werden können, so wird man über 200.000 DM investieren müssen. Und zwar für die Konfiguration:

Computer + Großbildschirm + Festplattenkapazität + Scanner + Linotype 300 + Entwickler + entsprechende Programme.

Beim Computer sollte man von vornherein eine entsprechend hohe Hauptspeicherkapazität (beim Macintosh z.B. mindestens 2 MB) sowie mindestens 40 Megabyte Festplattenkapazität einplanen.

Die Ganzseitengestaltung sollte man zur Steigerung der Arbeitsgeschwindigkeit auf einem Ganzseitenbildschirm durchführen. Will man viele gestalterische Aufgaben auf dem Computer erledigen, ist es sinnvoll, einen Ganzseitenfarbmonitor anzuschaffen. Mit einem Programm wie Quark XPress kann man heute farbig am Bildschirm gestaltete Dokumente mit Farbseparation - d.h. z.B. Rot- und Schwarzform getrennt - drucken oder belichten.

Professionelles Arbeiten bedeutet Arbeiten mit großen Datenmengen und unterschiedlichen Dateiformaten und ist abhängig von der Arbeits- und der Zugriffsgeschwindigkeit. Außerdem ist ein entsprechend leistungsstarkes Archivierungssystem absolut unerläßlich. Stammdaten sollten sowohl auf Festplatte als auch auf Diskette gespeichert werden können.

Um einen Scanner einzusetzen, ist eine massive Erweiterung der Festplattenkapazität erforderlich. Eine DIN A4-Vorlage, als Halbton gescannt, kann leicht 2 Megabyte auf einer Festplatte in Anspruch nehmen.

Spätestens jetzt wird man an die Erweiterung der Desktop Publishing-Schriftenbibliothek denken.

An dieser Stelle soll ein immer wieder auftretendes Mißverständnis geklärt werden: Wenn von "Desktop Publishing-Schriftenbibliothek" die Rede ist, dann sind Firmen wie Adobe oder Fluent Laser Fonts gemeint, die eigens für die Verwendung auf PostScript editierenden Computersystemen generierten Schriftschnitte anbieten. Es werden also auch bei der Belichtung auf einem Linotype Laserbelichter nicht die Original-Linotype-Schriftschnitte vom Desktop Pubslihing-System aus angesprochen, sondern (nur) die im Raster Image Processor vorhandenen oder vom Computer aus zugeladenen Schriftschnitte im Postscript-Format. Desktop Publishing-Schriften müssen also i.d.R. hinzugekauft werden und sind keine konventionellen Fotosatzschriften.

Soweit die Grundlagen für die Investitionsentscheidung.

Eine Investition in Höhe von 300.000 DM vor einem Jahr entschieden, bekommt man heute bereits für 200.000 DM.

Regel: Prüfen sie, ob ihre Desktop Publishing-Anwendung so ertragreich ist, daß die Wertverlustkosten, die zusätzlich zur normalen Abschreibung durch den enorm kurzen Innovationszyklus entstehen, getragen werden können.

1.2   Schwierigkeiten bei der Umstellung

Schon mit relativ geringen Investitionen kann man verglichen mit den Kosten für konventionelle Satzsyteme Desktop Publishing betreiben. Um jedoch alle Anwendungen des Desktop Publishing, also z.B. vom Direct Mailing bis zur fertig umbrochenen und in höchster Auflösungsstufe belichteten Zeitung, abzudecken, ist auch beim Desktop Publishing ein relativ hoher Kapitalaufwand notwendig. Abgesehen von der Investition in Hard- und Software sollte man auf keinen Fall außer Acht lassen, daß das Begreifen der Abläufe des Desktop Publishing in allen Produktionsstufen zusätzlich eine nicht zu unterschätzende "Investition ins Know-how" notwendig macht.

Das heißt: Einerseits ist man per Desktop Publishing nach einigen Minuten der Einführung in der Lage, ansprechende Dokumente "spielerisch leicht" zu erstellen - erste Erfolge sind also sofort zu erzielen. Jeder lernende Fotosetzer wird auf ein ähnliches Erfolgserlebnis bei der Arbeit auf einer Fotosatzanlage unverhältnismäßig länger warten müssen. Andererseits steckt der Teufel - wie immer - auch hier im Detail: Die beim tieferen Einstieg garantiert verstärkt auftretenden Schwierigkeiten sind in der Tatsache begründet, daß es sich beim Desktop Publishing-System - im Gegensatz zur Fotosatzanlage - nicht um ein abgeschlossenes System aus einer "Hersteller-Hand", sondern vielmehr um ein aus vielen Hard- und Software-Komponenten von verschiedenen Herstellern zusammengefügtes Paket handelt.

Entsprechend den aufgeführten Investitionsstufen ist also auch eine Klassifizierung der Know-how-Stufen vorzunehmen. Die Anforderungen an das Know-how wachsen proportional mit der Anzahl der verwendeten Hard- und Softwarekomponenten.

1.3   Würdigung der personellen Umstellungsprobleme

Für die einen bietet Desktop Publishing Neues und qualitativ Hochwertigeres, für die anderen bedeutet es erst einmal ein Abschiednehmen von sorgsam und stolz als Berufsethos gepflegten Qualitätsansprüchen. Die einen, nennen wir sie die "Newcomer" im grafischen Gewerbe, fühlen sich nun als "Setzer, Layouter und Grafiker" gefordert. Dies wird von ihnen als motivierender "Aufstieg" bewertet und die im DTP-Verfahren erstellten Produkte werden mit unhörbarem Stolz den "Profis" als Herausforderung entgegengehalten. Die Profis hingegen reagieren zurückhaltend ablehend. Um Arbeitsplätze fürchtend, halten sie dem DTP seine zweifellos bestehenden Mängel entgegen, kämpfen um den Erhalt des nach ihrer Einschätzung bedrohten Berufsbildes.

Tendenziell ergeben sich aus den beiden Lagern unter den Desktop Publishing-Anwendern zwei unterschiedliche erste Umstellungsreaktionen: Die Newcomer stürzen sich mit enormer Energie auf die Hard- und Software, versuchen so schnell wie möglich, das System in all seinen Komponenten zu begreifen und ausnutzen zu können: sie sind dabei relativ kreativ. Die Profis hingegen verhalten sich zurückhaltend und beobachtend. Kritisch wird jede Programmfunktion z.B. auf Genaugikeit untersucht. Deutlich wird von ihnen zu erkennen gegebenen, daß sie keinen Wert darauf legen, mit diesen "unterpriviligierten" Systemen zu arbeiten. Echtes Interesse und leuchtende Augen sieht man bei "hartgesottenen Profis" erst, wenn man Funktionen wie z.B. den automatischen Formsatz um Grafiken herum demonstriert. Diese Funktion kennen die wenigsten von den konventionellen Satzsystemen her. Oft kommen die Profis zu Desktop Publishing-Schulungen, weil sie sich unter Druck gesetzt fühlen, und weil sie befürchten, den Anschluß zu verpassen.

1.4   Zusammenfassung

Bei der Umstellung der Produktion auf Desktop Publishing-Systeme besteht eine dreistufige Heterogenität der Entscheidungs-Problematik:

- das zur Umstellung einzusetzende Investitionsvolumen,
- das erforderliche Know-how und die Umstellungspsychologie der ausführend Produzierenden,
- das Einsatzinteresse bzw. der Umstellungsanspruch des umstellenden Betriebes.

Hat man sich entschieden, auf DTP umzustellen, sollte man jeden dieser drei Bereiche für sich betrachten und auf voraussichtlich auftretende Engpässe hin analysieren. Diese Engpässe können durch Hinzumietung von voraussichtlich gering ausgelasteten Hard- und Softwarekomponenten und Rückgriffe auf Know-how und Dienstleistungen von DTP-Spezialisten vermieden werden.

2   Praktische Erfahrungen mit der Umstellung

2.1   Einleitung

Die Entscheidung für eine Neuausstattung muß berücksichtigen, daß das System ein offenes Unternehmenskonzept durchführbar macht. Dazu gehören folgende Kriterien:

- komfortable Benutzeroberfläche, d.h. geringer Schulungsaufwand,
- kompakte Bauweise (das erleichtert die Außer-Haus-Vermietung),
- stabile Netzarchitektur (das ermöglicht den Kunden den einfachen Zugriff auf Hard-

und Softwarekomponenten),
- reichhaltiges Softwareangebot (d.h. professionelles Arbeiten ist möglich).

Grundsätzlich lassen sich diese Erfahrungen auch auf die MS-DOS-Welt übertragen. Hier zeigt sich jedoch noch ein zusätzliches Problemfeld, nämlich daß sogenannte "IBM-kompatible Geräte" untereinander Inkompatibilitäten aufweisen.

2.2 Kommunikationsprobleme innerhalb und zwischen fünf Kommunikationsebenen

Die Umstellung auf DTP ist kein einmaliges Ereignis. Es ist ein Prozeß der Harmonisierung von vielfach auftretenden Kommunikationsproblemen zwischen Maschine-Maschine, Maschine-Software, Software-Software, Software-Mensch und Mensch-Maschine.

Jede Änderung oder Neuerung in einer der Kommunikationsebenen initiiert diesen Prozeß von Neuem. So stellt die Umstellung auf DTP ein bisher nicht zur Ruhe gekommenen Kreislauf von Umstellungen dar, dessen Ende noch lange nicht abzusehen ist, weil noch mehrere revolutionäre Weiterentwicklungen, sowohl auf Software als auch auf Hardware-Ebene zu erwarten sind.

Nachfolgend werden einige kritische Umstellungsprobleme aufgelistet, um ein Bild von den Schwierigkeiten zu bekommen.

Kommunikationsebene Maschine - Maschine

Ein Standardproblem bei der Kommunikation zwischen Ein- und Ausgabegeräten ist die Ausgabe des gleichen Doumentes auf allen drei Endausgabegeräten, also auf Matrixdrucker, Laserdrucker und Laserbelichter:

Bei der Ausgabe eines Dokumentes auf dem Matrixdrucker erhält man die Bildschirm-(bzw. Bit-map-)Darstellung ausgedruckt. Bei Ausgabe des gleichen Dokumentes auf dem Laserdrucker oder dem Laserbelichter wird jedoch das im Hintergrund erzeugte PostScript-File gedruckt. Man erhält einen vom Matrixdrucker abweichenden Ausdruck, weil unterschiedliche Datenstrukturen zum Ausdruck verwendet werden. Oft werden Korrekturen erforderlich, weil die Bildschirmdarstellung eben doch nicht hundertprozentig mit dem Ausdruck eines PostScript-Files identisch ist. Unter Umständen (z.B. bei Word-Dokumenten) kann es sogar passieren, daß sich der gesamte Umbruch ändert. Leider werden bei Matrix- und Laserdrucker noch unterschiedliche Papierformate verwendet. Dieses Problem kann jedoch vermieden werden, indem das Dokument als Laserdruck-Dokument angelegt und nach dem Korrekturausdruck auf den Matrix-Druckertreiber umgestellt wird.

Ein weiteres und schwerwiegendes Problem besteht in der Inkompatibilität zwischen den Ausgabegeräten Laserdrucker und Laserbelichter Linotype RIP 100. Den meisten Desktop Publishing-Interessenten wird erst einmal suggeriert, daß alles das, was auf dem Laserdrucker zu drucken ist, auch auf dem Laserbelichter belichtet werden kann. Dem ist leider nicht immer so.

Ursprung dieses Problems ist, daß die PostScript-Version im RIP nicht identisch mit der des Laserwriters ist. D.h. die Linotype-Fotosatzmaschine versteht bestimmte Befehle nicht, die vom Laserdrucker akzeptiert werden. Aus diesem Umstand heraus ergibt sich zum Beispiel die "Helvetica Narrow"-Problematik. Die Helvetica-Narrow ist eine von der Helvetica aus "schmaler-gerechnete" Schrift. Der Schmalstellungsbefehl wird vom Laserdrucker zwar akzeptiert, nicht jedoch vom Linotype RIP. Das Problem konnte inzwischen behoben werden. Einen ökonomisch nicht zu vertretenden Aufwand bedeutet aber die zur Belichtung notwendige Manipulation, die es erlaubt, die im Programm RagTime mögliche Funktion "Schrift schmal oder breit stellen" zu belichten. Ohne direkten Eingriff in das PostScript-File des Dokuments bleibt das Belichtungsergebnis eine nicht brauchbare Bit-map-Belichtung der modifizierten Schriften.

Kommunikationsebene Maschine (Betriebssystem) - Software

Mit dem Erscheinen neuer oder verbesserter Hardware werden oft neue Betriebssysteme und eine modifizierte Technik verwendet. In diesem Zusammenhang treten Anpassungsschwierigkeiten auf.

Unter Umständen stellt neue Software Anforderungen an die Hardware und Basis-Software, die nicht bei allen Computern standardmäßig erfüllt sind. So überforderte z.B. PageMaker bei seinem Erscheinen den Macintosh mit 128 K Hauptspeicher. PageMaker erfordert mindestens eine Hauptspeicherkapazität von 500 K. Zu jener Zeit wurde der 128 K Mac noch produziert und verkauft. Für die Besitzer des 128 K Macs wurde daher die Investition in eine Hauptspeichererweiterung notwendig.

Kommunikationsebene Software - Software

Als nächstes Problemfeld soll noch auf die Schwierigkeiten eingegangen werden, die bei der Verwendung von Anwender-Programmen untereinander bestehen.

Die professionelle Arbeitsweise beim DTP ist Texterfassung mit Textverarbeitungsprogramm, Grafik mit diversen Grafikprogrammen und Integration beider Elemente sowie Seitengestaltung im Umbruchprogramm. Es werden also unterschiedliche Dateiformate zu einem neuen Ganzen zusammengeführt. Das Layoutprogramm muß dazu in der Lage sein, fremde Datenstrukturen zu erkennen und zu lesen und darüber hinaus zu transformieren. In solch komplizierten Vorgängen steckt eine latente Fehlerquelle.

So ist z.B. das Integrieren von rotierter Schrift und Grafik in das Seitenlayout nur über den Import aus Grafikprogrammen möglich. Importiert man zum Beispiel um 180 Grad rotierten Text in PageMaker, muß man damit rechnen, daß das Grafikelemente völlig unmotiviert zerrissen wird. Files anderer Grafikprogramme wie Illustrator können in PageMaker 1.2 überhaupt nicht importiert werden. Ein Import ist erst in der Version 2.0 oder in Quark XPress möglich.

Aber auch hier kann es passieren, daß z.B. beim Import von Cricket Draw Strukturen in Quark XPress ein PostScriptsatz mit transferiert wird, der nicht mehr zu eleminieren ist.

Für den Laien unüberschaubar sind inzwischen die verschiedenen Dateiformate geworden, in denen man ein und dasselbe Grafik-Dokument speichern kann. So kann man Cricket Draw Daten z.B. im Pict-, EPSF- und Cricket Draw Format speichern. Die Pict-Format gespeicherten Dateien lassen sich in Quark XPress zwar integrieren, aber zur Korrektur nicht mehr als Cricket Draw Dokument öffnen. Das bedeutet, man muß zu integrierende Grafiken in zwei verschiedenen Formaten speichern. Andererseits können PageMaker oder auch XPress nur bestimmte Formate lesen und darstellen. XPress liest z.B. EPSF-Illustratordateien und stellt diese auch im Bildschirm dar. EPSF-Dateien aus Cricket Draw hingegen werden nicht dargestellt, man bekommt lediglich eine graue Fläche mit dem Namen des Grafikdokumentes. Cricket Draw Dateien müssen daher mit Pict abgespeichert werden, um in Quark XPress dargestellt zu werden.

Kommunikationsebene Software - Mensch
Schulungsbedarf und Anwendermentalität

Betrachtet man Grafiker, die bisher mit Schere, Rapi, Reißbrett und Reprokamera ihre Aufträge erfüllt haben, so stellt man fest, daß die wenigsten von ihnen an DTP-Systemen ihre Kreativität steigern können. In der Regel wird versucht, das herkömmlich verwendete Werkzeug auf der Grafik-Oberfläche des Computers nachzuempfinden. Nur ist die Maus kein Stift und auch keine Schere, die Bildschirmdarstellung ist nicht hundertprozentig identisch mit der Druckausgabe.

Der gelernte Setzer ist es gewöhnt, mit Durchschuß und Laufweitenmodifikationen zu arbeiten. Von seiner Satzerfahrung kennt er nur das Arbeiten mit absolut exakten Werten. Dieser Setzer soll Linien und Schriftgrößen, Stand und Maße nun nach WYSIWYG-Prinzipien (what you see is what you get) einsetzen. Das bedeutet eine enorme Umstellung und kann auf keinen Fall befriedigend sein. Andererseits muß er Funktionen wie das Schattieren oder Verzerren von Schriftschnitten von seiner typografischen Ausbildung her ablehnen. Diese Funktionen werden nun aber von den Nicht-Fachleuten mit wachsender Begeisterung in jeder möglichen und unmöglichen Kombination eingesetzt. Diese haben also, im Gegensatz zu den Profis, nicht das Problem der mangelhaften und unvollständigen Funktionen, sondern vielmehr das Problem der Funktionsvielfalt und der Notwendigkeit, sich entscheiden zu müssen.

Das Anforderungsprofil eines professionellen Desktop Publishers müßte demnach wie folgt aussehen: Er muß Grafiker, Texter, Layouter, Typograph, Setzer und außerdem Computerspezialist mit Engagement und Idealismus sein. Jede bessere Werbeagentur setzt für jedes dieser Arbeitsfelder Spezialisten ein. Der Desktop Publisher soll alle diese Funktionen in einer Person vereinigen. Jeder noch so begabte Mensch ist damit überfordert. Diese Überforderung entspricht der eines gut ausgestatteten Heimwerkers, gleichzeitig ein guter Tischler, Klempner, Maler usw. sein zu wollen. Der Heimwerker wird weniger an der von der Industrie bereitgestellten Heimwerkertechnik scheitern, sondern i.d.R. am fehlenden Know-how.

Software wird von Informatikern geschrieben. Informatiker programmieren Funktionen. Sie haben in der Regel jedoch keine konkrete Vorstellungen, welche Anforderungen von den Anwendern an diese Funktionen gestellt werden. Die Anwender hingegen stellen Anforderungen an die Funktionen und haben keine Vorstellung von der programmiertechnischen Umsetzung. Um das Arbeiten mit Computern für den Anwender durch gesteigerte Professionalität, durch verbesserte Leistungsmerkmale der Software zu erreichen, müssen Anwendungsansprüche exakt formuliert werden, damit die Softwareindustrie entsprechend reagieren kann. Hierin ist jedoch eine Chance für das Desktop Publishing zu sehen. Die Anwendergruppe ist so potent, daß es für die stark konkurrierenden Softwareunternehmen durchaus interessant, wenn nicht sogar notwendig ist, auf Anwenderforderungen einzugehen. Betrachten wir z.B. das Kerning. Vor einem Jahr konnte man dem Desktop Publishing zu recht vorwerfen, daß man ein Satzsystem, das zur Unterschneidung nicht in der Lage ist, nicht als professionell bezeichnen könne. Dieser Vorwurf trifft nicht mehr, denn automatisches Unterschneiden ist heute in mehreren Programmen standardmäßig gelöst.

An dieser Stelle seien zwei Anwenderforderungen formuliert: zum einen muß die automatische Unterschneidung durch eine veränderbare Ästhetiktabelle verbessert werden, d.h. als Anwender muß man selbst bestimmen können, mit welchen Werten unterschnitten wird und man muß auf die gewählten Werte wiederholt zugreifen können. Zum anderen muß es auch die Möglichkeit des vertikalen Auschlusses geben, d.h. man muß einen Text auch vertikal auf eine Höhe austreiben können und zusätzlich entscheiden können, wo oder wie muß der Rest-Raum verteilt werden.

Kommunikationsebene Mensch - Maschine
oder die erforderliche "Liebe zum System"

Desktop Publishing professionell zu betreiben kann unter Umständen nervenaufreibend sein. Kann man von einem Fotosatzhersteller die Lösung von Hard- und Softwarefragen ohne weiteres verlangen, gibt es in der Desktop Publishing-Branche kaum jemanden, der sich für auftretende Mängel verantwortlich fühlt.

Die Händler vertreiben diese Produkte nur, sind also nicht als Hersteller verantwortlich. Die meisten Hersteller jedoch haben ihren Sitz in Amerika. Die Händler können nur versuchen, eine Brücke zu schlagen. In manchen Fällen funktioniert dies auch. Bei einigen Programmen werden Fehlermeldungen mit etwa folgendem Wortlaut gegeben:

"Schwerwiegender Systemfehler. Bitte beenden. Fehlernummer xx Bitte befragen sie ihren Händler!" Man kann es gerne versuchen. Wenn man Glück hat, wird man eine Antwort erhalten.

Nicht jeder ist in der Lage, autodidaktisch den Umgang mit dem System oder den Programmen in allen Einzelheiten zu erlenen. Nicht jeder ist in der Lage, entstehende "So-geht-es-jedenfalls-nicht-Situationen" bei der Umsetzung durch ideenreiche Umwege oder Manipulationen doch noch zu lösen.

Mitarbeiter, die man an Desktop Publishing-Systemen einsetzen will, sollte man nicht nur nach fachlichen grafischen und typografischen Fähigkeiten auswählen, sondern auch nach der Fähigkeit, sich dauerhaft mit den Problemen innerhalb des Systems auseinanderzusetzen. Voraussetzung für eine derartige Fähigkeit ist Erfahrung, daß man eine grundsätzlich positive Einstellung zum System zeigt. Dieses Feeling für das System ist notwendig, denn oft ist man gezwungen, mehr oder weniger intuitiv Störungen zu beheben, durch dieses oder jenes Probieren. Eine Ausdauer hierfür kann man nur erwerben, wenn man das Problem lösen will.

Andererseits wird der Anwender mit Maschinen konfrontiert, die ihm Werkzeuge sein sollen, mit deren Handhabung er aber nicht unbedingt physisch und ergonomisch zurechtkommt. So ist dem einen der Bildschirm zu klein, den anderen stört mehr die Abstrahlung. Ein Dritter kann sich an das Arbeiten mit der Maus nicht gewöhnen und ein Vierter kann sich nicht damit abfinden, nun alle Tätigkeiten durch stures Vor-dem-Bildschirmsitzen zu erledigen. Außerdem macht vielen die strenge, teilweise abstrakte Logik eines Computersystems zu schaffen. Es kostet Überwindung sich an die eindeutige Befehlssprache, die vom System unnachgiebig gefordert wird, zu gewöhnen. Die Umstellung auf andere Erfordernisse der Arbeitsorganisation ist ebenfalls nicht unproblematisch. Learning by doing und das Trial-and-error-Verfahren sollten in diesem Bereich die strengen didaktischen Maßregelungen des Anwenders sein.

Zusammenfassung

Beim professionellen Arbeiten mit Desktop Publishing-Systemen ergeben sich also schwerpunktmäßig drei Problemfelder, um deren Pflege sich der Anwender permanent bemühen muß:

- die Softwarepflege,
- die Systempflege,
- die Produktion.

Jedes Erscheinen einer neuen Programmversion, jede Einführung von neuen Betriebssystemversionen, jede Neueinführung von Hard- und Software wirkt als Stör-faktor auf alle drei genannten Bereiche. D.h. in diesen Fällen werden in der Regel Tests unter dem Motto "Was funktioniert mit wem, wie, warum nicht" notwendig. Der Anwender muß prüfen, ob sein Betrieb flexibel genug ist und es sich personell und zeitlich leisten kann, diese Tests immer wieder durchzuführen.

Eine Umstellungsentscheidung auf DTP bedeutet, sich einzulassen auf eine sich ständig ändernde Arbeitssituation, auf einen Prozeß, der durch Innovation geprägt ist - wie es in jedem Arbeitsfeld, das durch den Einsatz von Computersystemen geprägt ist, der Fall sein wird.

Was heute schon geht

DTP ist auch weiterhin eine Produktionsweise, die insgesamt hoffnungsvoll ist. Wenn auch die Hard- uns Softwareindustrie ihre Pioniere nicht unbedingt unterstützt und unter diesen Umständen eine vollkommene Umstellung auf DTP unter ökonomischen Gesichtspunkten nur durch die absolute Spezialisierung zu vertreten ist, sollte man die Hoffnung haben, daß es besser wird, daß Desktop Publishing in den nächsten Jahren noch qualitative und quantitative Leistungssteigerungen bringen wird. Die Kreativität der Softwareindustrie, die noch etliche Reserven bringt, gilt es auszuschöpfen.

Was heute schon geht ist in Stichworten etwa folgendes:

Automatisches Unterschneiden (Kerning), wenn auch in bestimmten Bereichen noch nicht vollständig zufriedenstellend.

Laufweitenveränderungen, zur Korrektur unzureichend generierter Bildschirmschriften.

Automatischer Umlauf um Grafiken.

Das Arbeiten mit Durchschüssen.

Rückgriff auf eine relativ umfangreiche Schriftenbibliothek

Das Arbeiten mit gescannten Bildmaterial.

- Rundsatz,
- rotierter Satz,
- sowie alle Standardanwendungen der Textverarbeitung, der Grafik und des Seiten- layouts.

Desktop Publishing macht Spaß, wenn man seine Einstellung dazu finden kann. Den frustierenden Ereignissen stehen doch auch Erfolgserlebnisse entgegen, von denen man zehren kann. Nur die ungeteilte Euphorie für die Revolution und die Suggestion der im- mer funktionierenden Demonstrationen bei den Händlern - alles ganz einfach, alles spielerisch - sollte durch den kritischen Realismus gebremst werden. Man kann nicht eben mal eine schon vorhandene Fotosatzanlage dadurch besser auslasten, indem man sich eine doch so vergleichsweise kostengünstige Desktop Publishing-Anlage zulegt und dann einige PostScript-Seiten belichtet. Man kann auch keine Personalkosten einsparen, weil man jetzt alles an einem Arbeitsplatz macht. Man produziert bestimmt einige Male schneller und kostengünstiger als mit konventionellen Systemen, aber diese Aussage gilt nicht generell. Sicherlich wird das Desktop Publishing den Fotosatzbetrieben etwas wegnehmen, ganz bestimmt im Bereich der Low-cost-Produkte, an den Layoutsatz wird Desktop-Publishing in den nächsten zwei Jahren nicht tippen können.

Desktop Publishing ist ein neues Produkt, mit dem ein neues Arbeitsfeld und ein neues Berufsbild entstehen wird und das seine ökonomische Berechtigung aus den Ansprüchen der Kunden bezieht. Es werden nicht nur Produkte qualitativ durch Desktop Publishing abgewertet werden, es werden auch viele Produkte qualitativ aufwendiger gestaltet werden. Auch hier wird sich am Markt nur durchestzen, wer sein Handwerk versteht und ernst nimmt. Wenn man die Entwicklung der Revolution Desktop Publishing und die Entwicklungen anderer Revolutionen betrachtet,befindet man sich gerade in einem vergleichbaren Stadium, in dem man glaubte, daß das Fahren in der Eisenbahn gesund- heitsschädlich sei oder behauptet wurde, daß Milchkühe aufgrund nächtlicher Straßen- beleuchtung nur noch schlechte Milch geben können.

Es gibt nur wenig Abenteuer auf dieser Welt, Desktop Publishing ist immer noch eins.

Lutz G. Kredel (Hrsg.)

Computergestütztes Publizieren

Anwendungen in der Praxis

1988. Etwa 230 Seiten. Broschiert,
in Vorbereitung. ISBN 3-540-19339-1

Dieser Band enthält die für die Veröffentlichung redaktionell überarbeiteten Vorträge des Workshops „Praxisanwendungen des computergestützten Publizierens", der im November 1987 in Berlin stattfand.

Für den deutschsprachigen Raum existiert bisher kein ähnliches Werk.
In dem Buch werden die Probleme, der Entwicklungsstand und die weiteren Entwicklungsmöglichkeiten integrierter Dokumentations- und Publikationssysteme aus der Sicht der Praxis behandelt.
Ziel ist es, dem Leser einen Überblick über den gegenwärtigen Stand der Integration und der damit zusammenhängenden organisatorischen und technischen Möglichkeiten zu geben. Der Leser wird von kompetenter Seite über die sich abzeichnenden Entwicklungen und Trends informiert und kann sich so unabhängig informieren.

Springer-Verlag
Berlin Heidelberg New York
London Paris Tokyo